Tina Ehmke

Alter Hund

Tina Ehmke

Alter Hund

Der richtige Umgang mit Hundesenioren

Oertel+Spörer

Bildnachweis
Titelbild: Tina Ehmke
Innenteilbilder:
Dr. Gabriele Lehari S. 11, 12, 13, 16, 17, 23, 25, 28, 31, 33, 36, 40, 43, 44, 46, 51, 52, 55, 58, 61. 62, 70, 76, 79, 81, 89, 90, 99, 100, 102, 103, 107, 108
Alle anderen Bilder von der Autorin.

Haftungsausschluss
Die Hinweise in diesem Buch wurden von der Autorin sorgfältig recherchiert und geprüft. Es können jedoch keinerlei Garantien übernommen werden. Eine Haftung der Autorin bzw. des Verlags und seiner Beauftragten für Personen-, Sach- und Vermögensschäden ist ausgeschlossen.

Bibliografische Information der Deutschen Nationalbibliothek
Die Deutsche Nationalbibliothek verzeichnet diese Publikation in der Deutschen Nationalbibliografie; detaillierte bibliografische Daten sind im Internet über http://dnb.d-nb.de abrufbar.

Postfach 16 42 · 72706 Reutlingen

Lektorat: Dr. Gabriele Lehari
DTP und Repro: raff digital gmbh, Riederich
Druck und Bindung: Oertel+Spörer Druck und Medien-GmbH+Co., Riederich
Printed in Germany, ISBN 978-3-88627-872-5

Inhalt

Geleitwort von Tanja Schumann

Wenn wir Menschen langsam älter werden und unsere Eltern plötzlich den Verdacht auf die Diagnose „Demenz“ erhalten, trifft es uns wahrscheinlich erst mal sehr hart, aber die Vorboten werden sich schon gezeigt haben. Demenz ist eine der häufigsten und gefürchtetsten Erscheinungen, wenn ein Mensch altert. Sich an nichts mehr erinnern zu können, einen rasanten geistigen Verfall zu erleben – ein Albtraum!
Wir erkennen allerdings über unsere sprachliche Kommunikation relativ schnell, was mit unseren engen Freunden und Verwandten los ist!

Aber was ist mit unseren Haustieren? Kann sie ein ähnliches Schicksal ereilen und welche Zeichen deuten darauf hin? Ich habe mir darüber nie wirklich Gedanken gemacht. Und doch, als ehemalige Halterin von zwei Hündinnen (Mastino-Mix und Labrador-Mix) sind mir diese Tiere so ans Herz gewachsen, dass sie zu nahezu vollwertigen Familienmitgliedern geworden sind.
Die einstigen „Nutztiere“ sind in der heutigen Zeit viel integrierter und umhegter als noch vor wenigen Jahrzehnten. So ist es nur allzu logisch, dass die geliebten Vierbeiner bei solcher Pflege natürlich immer älter werden und es dann auch Symptome gibt, die vergleichbar mit denen der menschlichen Demenz sind: plötzliche Desorientierung, Verwirrung oder motorische Fehlfunktionen. Aber allzu schnell werden vielleicht aufgrund von nicht vorhandenen Kenntnissen Fehlentscheidungen gefällt.

Dieses Buch soll helfen, ein wenig Licht ins Dunkel dieser kognitiven Dysfunktion zu bringen, und Hilfestellung leisten, wie wir unseren geliebten Vierbeinern beistehen können.

Ich finde es großartig und wichtig, dass Tina Ehmke dieses Thema aufgegriffen hat, damit jeder Hundebesitzer auf eventuell kommende Probleme und Schwierigkeiten vorbereitet ist!

Ganz viel Erfolg wünscht
Ihre hundeliebende
Tanja Schumann

Vorwort

Immer wieder werde ich von Patientenbesitzern, vor allem, wenn es sich bei den Patienten um alte Hunde handelt, bei Hausbesuchen gefragt: Mein Hund hechelt ohne Grund. Warum? Mein Hund frisst nicht mehr, was kann das sein? Mein Hund hinterlässt seine Pfützen überall. Was soll ich tun?

Ich wurde vielfach auf diese Problematiken angesprochen und konnte darauf Folgendes antworten: Ihr Hund ist alt und häufig sogar an Demenz erkrankt! Alte Hunde reagieren anders und müssen dementsprechend auch anders versorgt werden. Der Hund befindet sich im Alter häufig in einem Zustand der „Nicht-Wahrnehmung“, wenn er zum Beispiel ohne Grund hechelt.

Wenn er nicht frisst, ohne dass eine organische Ursache vorliegt, findet er vielleicht sein Futter nicht mehr. Der Trick hier: Den Napf vor die Schnauze halten oder gar mit der Hand füttern. Wie schnell merkt man dann, wie hungrig der Hund eigentlich ist. Dass der Hund überall Pfützen hinterlässt, liegt oft an einer Inkontinenz, wenn die Blasenfunktion nachlässt oder die Muskeln erschlaffen. Manchmal ist es aber auch so, dass der Hund einfach nicht mehr weiß, wo es richtig ist, Pipi zu machen, und den Urin einfach fließen lässt.

Wer seinen alten Hund gut kennt und beobachtet, weiß, was er einem mitteilen möchte.

Als guter Hundehalter sollte man sich auch mit den Alterserscheinungen seines Gefährten vertraut machen und ihn bis zu seinem Ende begleiten. Hierfür soll dieses Buch Hilfestellungen geben – sowohl was das Organisatorische, den Umgang im normalen Alltag als auch die medikamentöse Behandlung angeht.
Es soll sowohl den Hundehalter als auch sein Tier physisch wie psychisch unterstützen, damit der Mensch seinem Vierbeiner im Alter ein würdevolles Leben mit Qualität ermöglichen kann.

Die wichtigste Information vorab: Es ist sehr zeitraubend und oft mit Selbstaufgabe verbunden, einem alten Hund ein lebenswertes und qualitativ recht gutes Leben zu geben.
Es werden mehr Gassi-Gänge notwendig und es muss häufiger und eventuell auch anderes Futter zubereitet werden als vorher. Die eigene Nachtruhe fällt häufig flach bzw. wird oft unterbrochen.

Wir wollen Ihnen, liebe Leser, mit diesem Ratgeber helfen, Ihrem Gefährten, dem treuen Hund, das Leben im Alter ein kleines bisschen besser zu machen. Und Ihnen praktische Tipps geben, wie man im Alltag so manches besser lösen und dabei selbst noch das Alter des Hundes genießen kann.

Die Seele altert nicht, nur der Körper.
Wie sagte Astrid Lindgren:
„Es gibt kein Verbot für alte Weiber, auf Bäume zu klettern."
Wenn wir es doch noch könnten.

HINWEIS

Das Buch gibt eigene Erfahrungen und Meinungen wieder, die mit besten Wissen und Gewissen erstellt wurden. Dieses Buch ersetzt nicht den Besuch beim Tierarzt und/oder Tierheilpraktiker.

Alter ist tabu

Warum schaffen sich viele Menschen einen Hund an? Sie wollen mit ihm joggen gehen, ihn am Rad laufen lassen, sich fit halten und Wanderungen unternehmen. Und wie viele Hunderatgeber gibt es allein zum Thema Hundesport? Eine Menge. Aber viele Hunde sind im Alter eben nicht mehr so agil wie in ihrer Jugend. Und um diese Hunde geht es hier.
Alter ist tabu, keiner darf alt sein – Tiere schon gar nicht. Jeder Mensch möchte alt werden, doch alt sein will keiner. Alter bedeutet, auf das Abstellgleis geschoben zu werden! Bei Tieren ist das oft für uns Hundefreunde noch schlimmer: Wir werden von fremden Menschen auf der Straße angesprochen: „Wie alt ist der Hund denn?" Und wir merken gleich das „Kleingedruckte", von vielen die nur gedachte, aber nicht laut ausgesprochenen Worte: „Wie lange wollen Sie den denn noch haben?"
„Altwerden ist nichts für Feiglinge!" Das sagte auch schon Joachim Fuchsberger in seinem gleichnamigen Buch. Und wenn Sie kein Feigling sind, stehen Sie das Alter auch zusammen mit Ihrem Tier durch!

Alte Hunde sind etwas Wunderbares

Wenn der Hund „nur" alt und nicht krank ist, hat das Leben mit einem Hundesenior auch seine schönen Seiten und viele Vorteile, die man als Halter dann genießen kann.

Alt sein bedeutet bei einem Hund nicht gleichzeitig, dass er krank ist, dafür aber umso weiser.

Man muss mit dem Hund nichts mehr üben oder irgendwelche Erziehungsmaßnahmen ergreifen. Man versteht sich inzwischen ohne Worte. Und oft reicht schon ein Blick aus, um zu wissen, was der Vierbeiner einem sagen will.
Der Hund ist in seinem Umfeld bekannt und er genießt jetzt auch den Respekt seiner Artgenossen. War früher unterwegs mehr „Action“ gefragt, unternimmt man nun eher entspannte Spaziergänge und geht auf eine langsame Schnüffeltour mit seinem vertrauten Begleiter.
Ein alter Hund fordert seinen Menschen auch nicht mehr so viel. Er schläft mehr als früher, oft auch tiefer, entspannter und ruhiger.
Mit dem Hund alt zu werden bedeutet aber auch, mehr und innige Liebe, die man sich gegenseitig gibt. Der Kontakt wird näher, die Hunde brauchen dann oft mehr Streicheleinheiten und Wärme.
Graue Schnauzen sind oft ruhiger und strahlen auch eine gewisse Weisheit aus. Sie kennen sich halt aus im Leben. Und diese Gelassenheit kann man dann auch von ihnen lernen. So vermitteln sie uns Menschen eine gewisse Ruhe, die uns in der heutigen schnelllebigen Zeit guttut.

Je größer ein Hund ist, desto geringer ist leider seine Lebenserwartung. Der Irish Wolfhound ist eine der größten Hunderassen.

Ab wann ist ein Hund alt

Pauschal kann man sagen, dass kleine Hunde nicht nur älter werden, sondern meist auch bis ins hohe Alter noch fitter und agiler sind als ihre großen Artgenossen.
Kleine Rassen wie zum Beispiel Jack Russel Terrier oder Winzlinge wie Chihuahuas können durchaus 20 Jahre alt werden und sind meist bis zum 16. Lebensjahr noch relativ fit. Sehr große Rassevertreter wie Bernhardiner, Irish Wolfhound oder Doggen werden häufig nur acht Jahre alt und sind mit fünf Jahren schon als „alt“ einzustufen.

Es gibt Hunderassen wie Pudel, die häufig sehr robust sind und bis ins hohe Alter fast keine gesundheitlichen Probleme haben, sie werden eben nur

Der Chihuahua gehört zu den Winzlingen, die in der Regel ein hohes Alter von 15 bis 20 Jahren erreichen.

ein bisschen langsamer. Manche Rassen wie Schäferhunde oder auch Berner Sennenhunde haben dagegen häufig schon in jungen Jahren mit Gelenkproblemen wie der HD (Hüftgelenkdysplasie = Hüftgelenk liegt nicht in der Hüftgelenkpfanne oder ist sogar nicht mal ganz ausgebildet) zu schaffen. Im Alter kommen dann Arthrosen dazu, die zu einer schlimmen Schmerz- und Lahmheit-Problematik führen. Im Allgemeinen kann man sagen, dass kleine Hunde ab zehn Jahren alt sind, große schon ab acht Jahren.
Ob sich dann aber auch die sogenannten Alterserscheinungen einstellen, ist eine andere Frage. Und wenn Probleme auftreten, benutzt man oft die Bezeichnung „sehr alter Hund".

Alterserscheinungen

Was sind überhaupt die typischen Alterserscheinungen beim Hund und wie kann man sie feststellen und darauf reagieren?
Vielfach können wir als Hundehalter bereits merken, ob beim eigenen Vierbeiner eine Einschränkung der Sinne oder der Bewegung stattgefunden hat. Es lässt sich oft schon durch das Gangbild, aber auch an der Farbe der Haare erkennen, ob es sich um einen alten Gefährten handelt.
Manche Halter bemerken, dass der Hund nicht mehr so gut hört wie früher. Andere erleben, dass die Augen trüb werden. Die alten Kumpel werden beim Laufen häufig langsamer, verlieren auch die Farbpigmente ihres Fells. Allein diese Anzeichen lassen nur auf einen alten Hund schließen, aber noch lange nicht auch auf einen kranken Hund. Graue Schnauzen schlafen vielleicht viel, wirken dadurch aber immer sehr weise.

DIE TYPISCHEN ALTERSERSCHEINUNGEN

- *Graue Haare besonders im Kopfbereich*
- *Nachlassen der Sehleistung (Grauer Star), eventuell bis zur vollständigen Erblindung*
- *Nachlassen der Hörleistung, eventuell bis zur vollständigen Taubheit*
- *Nachlassen des Geruchssinns, wobei dieser Sinn in der Regel bis ins hohe Alter noch am besten erhalten bleibt*
- *Arthrose verbunden mit Schmerzen und eingeschränkter Bewegung*
- *Herzschwäche*
- *Erhöhtes Schlafbedürfnis*
- *Altersstarrsinn*
- *Vermehrte Trennungsangst*
- *Demenz*

Ein Nachlassen des Seh- und Hörvermögens tritt oft zusammen auf. Hunde kommen meistens damit aber ganz gut klar. Die Verschlechterung der Sinnesorgane gehört zu ihrem Alterungsprozess dazu.
Krankheitsbedingt kann es bei Senioren auch zu vollständiger Taub- und Blindheit kommen. Mit der richtigen Unterstützung ihres Halters können Hunde jedoch mit dem Verlust dieser Sinne relativ gut zurechtkommen. Der Halter ist hier gefordert, seinem Hund zu helfen, in einer für ihn neuen Umgebung klarzukommen.

Ganz wichtig ist es zu wissen, dass kein Lebewesen, nur weil es alt wird, zwangsläufig auch krank werden muss. Aber falls auch diese nicht so schönen Begleiterscheinungen des Alters auf den Hund und seinen menschlichen Freund zukommen, möchte dieses Buch helfen.
Hier werden die Krankheiten aufgeführt, die am häufigsten beim alten Hund vorkommen, aber auch eine mögliche Prophylaxe (Vorbeugung) und die Behandlungsmöglichkeiten werden aufgezeigt.
Ganz wichtig ist hier aber auch, dass man sich nicht von Nachbarn oder vermeintlichen „Hundekennern" sagen lässt, wann der Hund alt ist und wann es „grenzwertig" ist, ihn noch leben zu lassen. So etwas kommt leider auch immer wieder vor.

Und wie geht es Ihrem alten Hund? Ist er mit seinen vielen Jahren noch verhältnismäßig fit? Hat er aber zwischendurch auch seine Wehwehchen? Die Beine wollen manchmal nicht mehr so?
Manche alten Hunde haben das große Glück, bis zu ihrem letzten Tag völlig gesund zu sein.
Die meisten älteren Hunde leiden jedoch an sogenannten typischen Alterserkrankungen. Das Tier reflektiert aber nicht darüber, wie gut es ihm vorher ging, wie

Die grauen Haare besonders im Gesicht und die etwas trüberen Augen sind typische Alterserscheinungen.

agil es vorher doch noch war. Es lebt einfach! Aber je früher Alterserkrankungen erkannt werden, desto besser sind dann auch die Chancen auf Heilung oder zumindest Linderung.
Tierärzte und Tierheilpraktiker bieten hierfür einen Check-Up an (siehe unten). Werden dann bestimmte Erkrankungen festgestellt, wird eine passende Therapie erarbeitet.

Geriatrie-Check

Das Wort Geriatrie kommt aus dem Griechischen und bedeutet Altersheilkunde. Es empfiehlt sich beim alternden Hund einen Geriatrie-Check durchführen zu lassen. Hierunter versteht man einen Bluttest, bei dem die Werte kontrolliert werden, die beim alten Hund durchaus schon mal entgleisen können. Zu einem großen Blutbild gehört unter anderem die Bestimmung der Werte für Leber, Niere, Bauchspeicheldrüse sowie Zucker (Diabetes). Denn wenn man hier die Werte hat, kann man präventiv reagieren und den Hund unterstützen, bevor er eventuell behandelt werden muss. Besonders im Bereich der Nierenfunktion ist es ratsam, da man eine Niereninsuffizienz, also eine Nierenschwäche, erst bemerkt, wenn es fast zu spät ist. Die Blutwerte zeigen dem Halter dann, was er machen kann, wenn die Werte noch im Normalbereich oder leicht abfallend sind.

Im Folgenden sind einige Merkmale aufgeführt, die zu den typischen Altersmerkmalen sowohl von Mensch als auch Tier gehören:

- Schnelles Auftreten von blauen Flecken, zum Beispiel beim Anstoßen an Treppenstufen
- Weggetreten sein und aus dem Fenster starren
- Vermehrter und ständiger Hunger und Kleckern beim Essen
- Stolpern und Hinfallen
- Schwindel
- Verhärtete Muskulatur

In Deutschland gibt es etwa 1,5 Millionen demenzkranke Menschen (Stand: 06/2014) mit Tendenz steigend.
Für die Anzahl der Hunde, die an Demenz erkranken, liegen keine Zahlen vor, da es bisher für Tiere diesbezüglich keine Untersuchungen und somit auch keine Statistik gibt.
Die Anzahl der Pflegefälle nimmt rasant zu. Menschen werden in Pflegeheime gesteckt oder bekommen Hauspflege. Bei einem Tier geht es dann nur mit der Hauspflege.

Wenn der Hund in die Jahre kommt, sollte man regelmäßig einen Geriatrie-Check durchführen lassen.

Altersgerechte Ernährung

Was muss man bei der Ernährung von Hundesenioren beachten?
Grundsätzlich sollte man sich Folgendes vor Augen führen: Betrachten Sie einmal bitte Tiere in der Natur, hier besonders Wölfe. Ernähren sich Tiere anders, nur weil sie älter werden?
Nein. Das kommt nur bei den domestizierten Haustieren vor. Auch alte Wölfe jagen weiter, erlegen Beute und fressen sie meist komplett auf. Somit haben sie eine artgerechte Ernährung auch im Alter. Wenn Wölfe jagen, nehmen sie durch das erlegte Tier tierische und auch im geringen Maße pflanzliche Nahrung zu sich.
Betrachten wir nun das Futter für unsere Haushunde, entdecken wir spezi-

Das Zerbeißen von getrockneten Kauartikeln wie hier Rinderkopfhaut beugt Zahnstein und Zahnfleischentzündungen vor.

elles Senior-Futter und Futtersorten, die bei bestimmten Krankheiten empfohlen werden. Nur muss das sein? Geht es den Hunden damit besser, werden sie davon wieder gesund?

Das richtige Futter

Spezielles Senior-Futter für unsere alten Gefährten kann von einigen wenigen Hunden tatsächlich vertragen werden. Die meisten kapitulieren jedoch und werden davon noch kränker. Kein Wunder, wenn man sich die Ingredienzien (Inhalte) anguckt: Getreide, Mais, Soja, Kartoffeln, Reis, alles am Anfang der Inhaltsstoffe aufgelistet, was bedeutet, dass diese Zutaten in Prozentanteilen am meisten vorhanden sind.
Wenn Sie ein relativ gutes Futter kaufen, werden Sie zum Beispiel nicht nur Hühnermehl, sondern auch Hühnerfleischmehl darin finden. Das bedeutet dann, dass nicht nur die Reste vom Huhn (auch der Abfall wie Hahnenkamm und Krallen), sondern auch das Fleisch des Tieres zermahlen darin enthalten sind. Das ist schon etwas besser.
Bei den Senioren-Futtern ist in der Regel eine Fettreduktion zu finden, ein niedrigerer Energiegehalt – aber sind denn alle alten Hunde auch zu dick?
Oder es gibt auch ein „angepasstes Verhältnis" von Phosphor, Magnesium, Protein und Natrium. Das kann bei einigen Erkrankungen tatsächlich hilfreich sein. Aber nur weil ein Hund alt ist, muss man nicht auf diese Werte achten. Denn achtet ein Wolf auf seine Ernährung im Alter und passt da die Werte an, geht zur Waage und guckt, ob auch alles im richtigen Verhältnis ist? Nein. Wird er in der Natur älter als in Gefangenschaft? Nein, aber nicht deswegen, weil er nicht auf seine altersgerechte Ernährung achtet, sondern weil die Natur und die Feinde dort einfach gefährlicher sind.

Die eigentliche Gefahr beim domestizierten Hund stellen unsere Urbanisierung und Industrie dar, die Autoabgase, die Chemie rund um uns herum und das Industriefutter, welches seit dessen Aufkommen in den 1970er-Jahren den Praxen immer mehr kranke Hunde und Katzen beschert hat.
Für jeden Hund sollte die Ernährung artgerecht und an seine Bedürfnisse angepasst sein. Sie sollte seinen Körper und dessen Funktionen unterstützen oder gegen bestimmte Erkrankungen helfen. Die Ernährung ist somit ganz individuell und nicht nur auf das Alter bezogen.

Was muss ich nun an der Ernährung ändern, wenn mein Hund alt wird?
Es kommt darauf an, wie bisher der Speiseplan des Hundes aussah. Mit BARF (**B**iologisch **A**rtgerechte **R**oh **F**ütterung) kann man auch im Alter nichts verkehrt machen. Beim BARF wird nicht nur Fleisch verfüttert, sondern auch viele andere Bestandteile von verschiedenen Tieren wie Blut, Magen- und Darminhalt, Sehnen, Bänder, Haut, Haare, Knorpel und Knochen. Ausführliche Informationen dazu finden Sie in diversen Fachbüchern zu diesem Thema (siehe Literaturverzeichnis).
Falls sich einige der typischen Alterserkrankungen eingestellt haben sollten, ist es hier sogar sehr einfach, Kleinigkeiten am Speiseplan zu ändern oder eben bestimmte Nahrungsergänzungsmittel hinzuzufügen. Eine komplette Umstellung muss hier nicht erfolgen.

Beim Hundesenior wird die Anzahl der Mahlzeiten erhöht – und ein „Kleckerschutz" wie hier ist auch sinnvoll.

Sollte das Tier jedoch bisher nur mit Fertigfutter, also industriell hergestelltem Dosen- oder Trockenfutter ernährt worden sein, muss eine Umstellung erfolgen. Die Nahrung sollte ausschließlich aus naturbelassenen Zutaten und hochwertigem frischem Fleisch hergestellt sein. Am besten ist sie auch geprüft nach deutschen Qualitätskriterien und frei von Farb-, Duft-, Lock- und Konservierungsstoffen. Wer hierbei unsicher ist, was für seinen Hund am besten ist, kann mit einem Tierheilpraktiker, der auch eine individuelle Ernährungsberatung anbietet, absprechen, wie man und auf welches Futter man umstellen sollte.

Die Anzahl der Mahlzeiten sollte bei einem Senior erhöht werden. Wurde bisher ein- bis zweimal pro Tag gefüttert, wäre es nun an der Zeit, die Mahlzeiten auf drei bis vier Portionen pro Tag zu strecken. Das Futter kann dann von einem eventuell schon trägen Darm besser verstoffwechselt werden. Hierbei muss man natürlich darauf achten, dass auch die Menge angepasst wird, sodass die einzelnen Portionen kleiner ausfallen als bisher.

Die Menge selbst sollte man an den Bedarf des Hundeseniors anpassen. Hier ist es keine große Hilfe, verbindliche Mengenangaben zu machen, da der Bedarf individuell ganz unterschiedlich sein kann. Und bitte immer daran denken, dass alle Belohnungshappen auch Kalorien haben und gegebenenfalls bei der Futtermenge mit berechnet werden müssen.
Ist der Hund noch aktiv und eben nur alt, dann braucht er dementsprechend mehr Energie. Ist er aber schon sehr langsam und neigt zu Übergewicht, empfiehlt es sich, die Rationen zu verringern.

NACHHALTIGKEIT

Nachhaltigkeit ist in der heutigen Zeit ein wichtiges Thema. Auch bei der Ernährung von Hunden kann man dazu beitragen.
Dosenfutter kann ein bis zwei Tage verschlossen im Kühlschrank aufbewahrt werden. Wenn größere Dosen gekauft werden, sollte man das Futter in Glas- oder Keramikschalen umfüllen, damit es länger haltbar ist. Die Dosen kommen leer in die Gelbe Tonne bzw. in den Gelben Sack.
Füttert man frische Produkte, sollte man darauf achten, das sie nicht von weit her importiert wurden. So kann man die Zutaten für die BARF-Mahlzeiten meistens aus der Region beziehen. Viele Schlachter (besonders im Bio-Bereich) bieten sogar schon Wochenpackungen dafür an. Füttert man Dosenfutter, kann man hochwertiges Futter von Händlern bestellen, die ihr Fleisch aus deutschen Schlachthöfen bekommen. Man findet sogar Futtermittelhersteller, die darauf achten, dass auch deren Fleisch aus der Region kommt und in der Aufzucht auf Antibiotikagaben verzichtet wurde. Ebenso gibt es Futter aus kontrolliert biologischem und ökologischem Anbau.

Für ein hochfertiges Nassfutter oder für frisch zubereitete Mahlzeiten kann man sich an folgenden Mengenangaben orientieren.

Gewicht des Hundes	Futtermenge pro Tag
2 kg	100 bis 200 g
5 kg	200 bis 400 g
10 kg	400 bis 550 g
15 kg	550 bis 750 g
20 kg	750 bis 800 g
25 kg	800 bis 850 g
30 kg	850 bis 1000 g
35 kg	1000 bis 1100 g
40 kg	1100 bis 1200 g
45 kg	1200 bis 1300 g
50 kg	1300 bis 1400 g
55 kg	1400 bis 1500 g
60 kg	1500 bis 1700 g
65 kg	1700 bis 1800 g
70 kg	1800 bis 2200 g

Wird der Hund mit Trockenfutter ernährt, ist die Menge natürlich geringer. Die empfohlenen Mengen für eine Tagesration sind auf den Verpackungen angegeben und gelten als Grundlage. Sollte der Hund dennoch zunehmen oder an Gewicht verlieren, reduziert bzw. erhöht man einfach die Menge, da es auch bei Hunden gute und schlechte Futterverwerter gibt.
Wenn es spezielle Fütterungsempfehlungen bei verschiedenen Erkrankungen gibt, finden Sie diese jeweils in dem Kapitel der Krankheiten. Je nach Erkrankung ist es nötig, den Hund öfter als bisher zu füttern und zu anderen Zeiten. Genaueres dazu finden Sie ebenso in den Krankheits-Kapiteln.

Zur allgemeinen Verbesserung der Fitness kann man auch einige Nahrungsergänzungsmittel dem Futter beimischen. Bewährt haben sich hierbei L-Carnitin, Ginseng, B-Vitamine, Dextrose (Achtung, keinen Traubenzucker-Einsatz bei Diabetes mellitus), die Chlorella-Alge und Leinöl.

Der Wasserbedarf

Der Wasserbedarf eines gesunden Hundes liegt bei etwa 40 bis 60 ml pro Kilogramm Körpergewicht und Tag, wobei der Bedarf natürlich auch von der Außentemperatur und der Aktivität des Hundes abhängt. Wird der Hund mit Trockenfutter ernährt, liegt der Bedarf bei etwa 100 ml pro Kilogramm Körpergewicht pro Tag. Wird er mit Nassfutter ernährt, was ja einen sehr hohen Wassergehalt hat, vermindert sich die Trinkmenge um einiges. Beim BARFen kann die Menge je nach Zusammensetzung der Mahlzeit auch variieren.

Auf alle Fälle sollte dem Hund immer genügend Trinkwasser zur Verfügung stehen und für ihn jederzeit zugänglich sein. In der Regel trinkt ein gesunder Hund so viel Wasser, wie sein Körper benötigt.

Bei alten Hunden ist es manchmal sinnvoll, an verschiedenen Stellen eine Wasserschüssel aufzustellen, damit sie schnell Zugang haben oder auch Wasser finden, falls sie mal die Orientierung verlieren.

Bei typischen Alterserkrankungen steigt der Wasserbedarf an und der Hund trinkt wesentlich mehr als früher.

Ein etwas erhöhter Harndrang gehört auch zum Altwerden dazu, da die Blase mit dem Alter ihre Spannkraft verliert und sich somit auch eine Bindegewebsschwäche einstellt. Die Hunde trinken dann viel und müssen auch wieder öfter raus und den Harn absetzen. Hält der Blasenmuskel hier noch, geben die Hunde Bescheid und es kommt nicht zu einer Inkontinenz.

Bei typischen Alterserkrankungen wie Diabetes mellitus oder Niereninsuffizienz (Nierenschwäche, auch CNI, also Chronische Nieren-Insuffizienz genannt) kann sich das Trinkverhalten stark ändern, ebenso wie bei Diabetes insipidus, der sogenannten Wasserharnruhr, die häufig mit Leber- oder Nierenerkrankungen, aber auch mit einer Nebennierenrindenüber- und -unterfunktion einhergeht.

Je nach Schwere der Erkrankung wird die benötigte und auch aufgenommene Wassermenge viel höher. Als Halter merkt man hier den gesteigerten Wasserbedarf und wundert sich, dass schon wieder der Wassernapf leer ist. Bei sehr schwerem Diabetes und weit fortgeschrittener Niereninsuffizienz kann es sein, dass der Hund mehrere Liter Wasser am Tag trinkt. Hier sollte der Halter schon in Hab-Achtung-Stellung sein und darauf achten, ob sich das Trinkverhalten seines Hundes massiv ändert.

Auch eine Wasser- und Nahrungsverweigerung gehört zu den Anzeichen, bei denen der Halter sofort reagieren und herausfinden muss, was der Grund dafür ist. Liegen zum Beispiel Hormonstörungen oder -veränderungen vor, kann es auch vorkommen, dass der Hund gar nichts mehr trinkt. Hierbei sollte auf alle Fälle der Tierarzt oder Tierheilpraktiker zurate gezogen werden.

Veränderungen im Alltag

Bei einem alten Hund muss man mit Veränderungen im Alltag rechnen und sich darauf einstellen. Sehr gut ist es natürlich, wenn man einen Garten hat und nicht allein lebt. Familienmitglieder, die bei der Betreuung helfen, sind oft Gold wert. Haben Sie als Hundehalter beides, können Sie sich glücklich schätzen. Ideal wäre es dann noch, wenn Ihre Wohnung oder Ihr Haus barrierefrei wäre, denn auch damit ist es später einfacher. Sie müssen dann den Hund nicht die Treppen immer hinauf- und hinuntertragen.

FIT BLEIBEN

Versuchen Sie doch, solange der Hund noch fit ist, alle Erledigungen mit dem Hund zu Fuß zu machen. Dann kann man in dieser Zeit auf das Auto verzichten und die Umwelt schonen. Und wenn man einen fitten Hund hat, braucht man selbst auch kein Fitness-Studio mehr.

Der Hund braucht jetzt vermehrte **Aufmerksamkeit** und auch die Gassi-Gänge werden häufiger. Die **Spaziergänge** werden zwar in der Regel kürzer, da der Hund die großen Wege zum Beispiel um den See oder durch den Wald nicht mehr so schafft wie früher, aber dafür dürfen Sie vielleicht auch mal den Vollmond mitten in der Nacht direkt von draußen sehen.

Die **Kommunikation** ändert sich, wenn der Hörsinn verlässt. Daher ist es sinnvoll, wenn der Hund schon vorher gelernt hat, auch auf Sichtzeichen zu reagieren. Daher sollte man mit dem Hund bereits in jungen Jahren üben, dass er nicht nur auf Kommandos, sondern auch auf Handzeichen reagiert (dazu später mehr).
Sollten sich psychische Probleme einstellen, muss man vielleicht auch mit Panik rechnen und kann den Hund nicht mehr allein zu Hause lassen.

Das **Schlafverhalten** eines alten Hundes ändert sich auch, und zwar meist ganz allmählich. Er braucht mehr Schlaf und der Schlaf wird auch tiefer und fester. Während der junge Hund noch schnell wie ein Blitz erwachte und auf die Pirsch ging, rennt der alte Zeitgenosse nicht mehr gleich los. Im Gegenteil, er muss häufig erst wachgerüttelt werden.

Sollten die alten Tiere nachts öfter raus müssen, ändert sich dann jedoch auch der Schlafrhythmus des Halters.

Mit zunehmendem Alter braucht der Hund immer mehr Ruhe und Schlaf.

Stress vermeiden

Wenn man Glück hat und der Hund sich in eine ruhige Ecke zurückziehen kann, kann der Alltag für den Halter auch normal weitergehen. Bei extrem schwierigen, hyperaktiven und multiple (= vielfach) erkrankten Hunden, sollten man jedoch noch folgende Ratschläge beachten:

Man sollte alten Tieren keinen großen Stress mehr zumuten. Umziehen ist dann tabu ebenso wie große Partys im Haus. Aber kann man sich dann überhaupt noch Besuch einladen?
Nur sehr tolerante Menschen, also sogenannte „Hunde-Menschen“ kann man jetzt noch als Besucher empfangen. Falls ein alter Hund an einem Geriatrischen Vestibulärsyndrom (siehe Seite 85ff.) oder an einer Demenz (siehe Seite 36ff.) leidet, sind nun die Zimmer an jeder Ecke ausgepolstert zum Beispiel mit Luftpolsterfolie, Badematten oder Decken, damit sich der Hund nicht verletzen kann. Es sind nur kurze Besuche möglich, da man immer wieder Gassi gehen muss und es auch sonst zu stressig für den Hund wird. Mit mehr als zwei bekannten Personen ist der Hund überfordert. Es ist nett gemeint, ihn mit zu einer Verwandtschafts-Geburtstagfeier zu nehmen, für den Hund ist das aber eine totale Überforderung.

Wie ist es, wenn man zum Beispiel selbst mal ins Bad muss, der Hund also ohne Aufsicht ist? Das geht nur, wenn es auf derselben Etage ist, sonst muss man zu zweit sein, damit eine Person den Hund im Auge behalten kann. Häufig kann man gar nicht weggehen, weil der Hund sonst in Panik gerät. Denn bei alten Hunden nimmt die Trennungsangst immer weiter zu, auch wenn sie früher völlig gelassen auch ohne Probleme allein geblieben sind.
Pflege bedeutet nun auch, rund um die Uhr für den Hund da zu sein. Egal, was er möchte oder braucht, man sollte ihm seine Wünsche erfüllen und seinen Bedürfnissen nachkommen – sei es der Wunsch nach Futter, Gassi oder Schmuseeinheiten.

DER RICHTIGE SCHLAFPLATZ

Achten Sie darauf, dass sich der Schlafplatz des Hundes nicht in unmittelbarer Nähe von elektrischen Geräten befindet. Am besten ist es, das Tier den Schlafplatz selbst aussuchen zu lassen. Kein Tier wird sich neben den Fernseher legen oder neben ein Mobiltelefon. Die Auswirkung von Elektrosmog sollte man nicht unterschätzen.

Frische Luft

Ältere Tiere brauchen, genau wie ältere Menschen viel frische Luft. Zusätzlich zum Gassi-Gehen empfehle ich hier: Machen Sie so oft wie möglich die Fenster auf. Die frische Luft ist gut für beide Parteien zum Durchatmen. Richtiges Durchlüften sollte man jedoch nur dann durchführen, wenn die Hunde sich gerade nicht in diesen Räumen aufhalten, da viele ältere Tiere vom Immunsystem her geschwächt sind und durch den Zug schnell eine Erkältung bekommen können. Oder ihre vorhandenen Probleme können sich verschlimmern zum Beispiel bei Gelenk- oder Nervenerkrankungen. Man denke hier nur an die vielen Neuralgien, die durch Zug noch positiv beeinflusst werden.

Keine Giftstoffe!

Bitte vermeiden Sie die Verwendung von Metallnäpfen. Aus homöopathischer Sicht kollidiert Metall mit naturheilkundlichen Präparaten. Aus ganzheitlicher Sicht gehört es zu den Schwermetallen. Auch aus rein ökologischen Gründen sollte man darauf verzichten: Oft werden Stoffe verarbeitet, die als Geschirr für Menschen nie eine Zulassung bekommen würden.
Dasselbe gilt auch für viele Sorten Plastik. Oft sind hier Phthalate und Bisphenole (also Weichmacher) enthalten, die sogar im Verdacht stehen, krebserregend zu sein. Keramik- oder Glasschalen sind als Naturwaren viel besser.
Hier auch gleich der nächste Tipp: Hundespielzeuge aus Plastik empfehle ich grundsätzlich zu meiden. In fast jedem, welches aus Asien importiert wird, kann man diese Schadstoffe finden. Ein Beispiel: Bei Tests fand man in angeblich überprüften Babynuckeln auch Phthalate, also muss man sich nur mal vor Augen führen, was wohl alles an Schadstoffen in Hundespielzeugen stecken muss, die noch nicht einmal geprüft, geschweige denn für den Menschen zugelassen sind. Schaut man sich zusätzlich einmal die vielen Farben an, mit denen diese „Spielzeuge“ bemalt sind, haben wir damit einen ganzen Chemiebaukasten vor uns.

Gelenke schonen

Wenn Sie über mehrere Ebenen wohnen, empfehlen sich Treppengitter, damit der blinde oder auch schwach torkelnde Hund nicht versehentlich die Treppe herabstürzt oder ohne Aufsicht versucht, die Treppe nach oben zu laufen. Treppengitter gibt es günstig in Second-Hand-Geschäften für Kinderbedarf zu kaufen.

Nicht nur für alte Hunde, sondern für alle, die anfällig für Gelenkprobleme sind, ist eine Einstieghilfe für das Auto sinnvoll.

Man sollte den Hund, wenn er an Arthrose oder anderen Gelenkproblemen leidet, nicht mehr die Treppen hoch und runter laufen lassen, da er dadurch noch zusätzliche bis hin zu massiven Schmerzen bekommen kann.
Im Idealfall trägt man den Hund die Treppe immer hoch und runter. Ab einem bestimmten Gewicht des Hundes ist das aber nicht mehr möglich. Ideal ist es daher, wenn sich der Hund möglichst nur auf einer Ebene bzw. Etage barrierefrei bewegen kann. Leider ist es aber oft nicht zu vermeiden, dass doch eine Treppe überwunden werden muss, wenn man zum Beispiel mit dem Hund nach draußen gehen möchte. Hier muss man sich dann einiges einfallen lassen.
Mithilfe eines Brustgeschirrs kann man den Hund zumindest stabilisieren oder auch leicht anheben und auf diese Weise die Treppe meistern. Auch ein Handtuch, das man unter dem Bauch durchziehen kann und als Stütze dient, kann hierfür verwendet werden. Für zwei Personen ist es natürlich immer leichter, den Hund vorne und hinten anzuheben und die Treppe hinauf oder hinunter zu tragen. Bei sehr großen Hunden und dann vielleicht noch in einem schmalen Treppenhaus ist aber auch das oft nicht möglich. Wer in einem Mietshaus mit Fahrstuhl wohnt, hat es da natürlich einfacher.
Die Idee, einen Flaschenzug zu verwenden, ist wohl kaum umsetzbar. Und den Hund nur noch im Garten mit einer Hundehütte oder in der Garage unterzubringen, ist auch keine gute Lösung, vor allem weil besonders alte Hunde Wärme und die Nähe ihrer Menschen brauchen.
Somit sollte man sich schon im Vorfeld Gedanken darüber machen, ob man dort, wo man wohnt, auch mit seinem Hund alt werden kann, besonders wenn es sich

um einen großen Hund handelt. Wäre man eventuell bereit, sogar umzuziehen? Denn wie bei uns Menschen auch sollte gewährleistet sein, dass der Hund, wenn er altersbedingt in einigen Bereichen eingeschränkt ist, trotzdem mit einer gewissen Lebensqualität alt werden kann. Optimal wäre hierfür natürlich eine ebenerdige Wohnung oder Etage, wo keine Treppen mehr überwunden werden müssten.

Das Ein- und Aussteigen beim Auto muss auch vom Halter unterstützt werden. Ist der Hund nicht zu schwer, kann man ihn vorsichtig hinein- und hinausheben. Handelt es sich um einen großen Rassevertreter, gibt es im Handel bereits diverse Einstiegshilfen für das Auto aus Metall oder aus Holz zu kaufen. Diese sind meist klappbar und auch von einer einzelnen Person gut zu handeln und leicht im Auto mitzunehmen. Wer etwas handwerklich geschickt ist, kann solch eine „Rampe" auch selbst anfertigen. Für das Üben dieser Art des Einsteigens empfiehlt es sich, den Hund mit Leckerlis langsam und ruhig über die Einstieghilfe zu führen.

TIPPS FÜRS GASSI-GEHEN

Beim Gassi-Gehen muss man nun auch für den Hund alles einsehen und vorausschauend handeln. Achten Sie beim Spaziergang einerseits genau auf die Umgebung und andererseits auf Ihren Hund. Behalten Sie ihn immer im Auge und schauen Sie genau auf den Weg. Denn der Hund kann stolpern oder es können Gegenstände auf der Straße liegen. Besonders schlimm sind hier natürlich Glasscherben oder andere Dinge, an denen sich der Hund verletzen kann. Hier müssen Sie dafür sorgen, dass er nicht hineintritt.
Ich empfehle, ein stabiles Haltegeschirr zu benutzen. Damit kann man einen alten Hund besser stützen.
Da Hunde Gewohnheitstiere sind, können Sie mit dem alten Hund ruhig immer wieder die altbekannten Wege laufen.

Pflege

Die Pflege eines alten Hundes ändert sich vielfach auch. Erst einmal muss man bedenken, dass Senioren mit Gelenkproblemen sich nicht mehr so wie früher bewegen können. Auch gehen die sensorischen Fähigkeiten vielfach verloren. Die Hunde treten dann – im Gegensatz zu früher – auch schon mal in die Häufchen ihrer Artgenossen und bringen den Schmutz mit ins Haus. Auf jeden Fall hat es sich bewährt, dem Hund schon in jungen Jahren beizubringen, sich die Pfoten abputzen zu lassen, nur so kann man dann auch im Alter diese Prozedur ohne große Probleme hinbekommen.

Auch bei der Fell- und Körperpflege benötigt ein Hund im Alter manchmal Unterstützung.

Bei einigen Erkrankungen wie zum Beispiel Inkontinenz und Demenz ist die Pflege auch ein ganz großer Zeitfaktor. Es gibt zwar Hilfsmittel und Medikamente, aber der Zeitaufwand für die Pflege des Hundes bleibt.
Die verstärkte Versorgung durch den Menschen dient zum einen der Prophylaxe von Krankheiten, auf der anderen Seite der Körperpflege, die der Hund nun nicht mehr so gründlich selbst durchführen kann. Augen, Nase und Zähne sollten regelmäßig kontrolliert und gegebenenfalls gereinigt werden. Sekrete können mit fusselfreien, feuchten Tüchern vorsichtig entfernt werden.

Der alte Hund fordert eine Aufmerksamkeit, wie sie in der Form nicht mal in der Phase als Welpe notwendig war. Ein Beispiel der „späteren Pflege“: Man verletzt sich selbst. Hat aber nicht die Zeit und die Nerven, zum Arzt zu gehen, weil der Hund vorgeht. Er ist wichtiger und wenn man sich für eine Intensivpflege des Hundes entscheidet, muss man schon zahlreiche Entbehrungen hinnehmen. Würden Sie gern mal wieder Essen gehen, ins Kino, sich mit Freunden treffen oder gar mal wegfahren? Das geht jetzt nicht mehr. Aber wenn Sie wissen, was Ihnen wichtiger ist, kann man gut darauf verzichten.

Auch wenn Sie sich manchmal wünschen, aus diesem Albtraum aufzuwachen und dass der Hund wieder der Alte sei – das passiert leider nicht. Ein älterer Hund bedarf meist besonderer Pflege. Das macht viel Arbeit, lässt einen aber auch enger mit dem Gefährten zusammenwachsen.

Mit statischen Übungen kann man auch die Muskulatur beim Hund aufbauen.

Auch mit einer verminderten Beweglichkeit aufgrund der alten Knochen, des weniger elastischen Bindegewebes und des Abbaus der Muskeln und Knorpelmasse muss man im Alter bei einem Hund rechnen. Viele Hundesenioren leiden früher oder später an Arthrose. Mit physiotherapeutischen Übungen und der barrierefreien Anpassung des Umfeldes kann die Lebensqualität aber weitestgehend erhalten bleiben. Besonders in diesem Bereich kann der Hundehalter jetzt viel tun und den Hund besonders unterstützen.
Lassen Sie sich von einem dafür geschulten Tierheilpraktiker/Tierphysiotherapeuten ein paar leichte Übungen zeigen, wodurch der Hund beweglicher bleiben kann. Damit tun Sie dem Hund und sich selbst einen Gefallen, sodass sie Spaß an der Pflege des Hundes haben und mit der neuen Situation auch gleich viel besser umgehen können.

Zur besonderen Pflege des Seniors zählt aber nun auch das Zubereiten von mehr Mahlzeiten als früher (wie schon zuvor beschrieben) ebenso wie das vermehrte Umsorgen seines Schützlings. Denn im Alter steigt oft auch das Schmusebedürfnis des Hundes an. Der Hund darf nun auch Mittelpunkt sein und soll diesen Zustand ganz genießen können.

Im Alter kann es auch sein, dass der Hund die erforderliche Fell- und Körperpflege, für die er vorher selbst gesorgt hat, nicht mehr selbst durchführen kann. Hierfür benötigt er dann auch Hilfe von seinem Menschen.

Sowohl für den Hund als auch den Menschen ist es sehr angenehm, das Fell des Hundes mit einer weichen Bürste zu kämmen. Etwas weniger angenehm, aber dennoch nötig, ist das Abputzen der Exkremente, wenn der Hund seinen Urin und Kot einfach verliert und sich Reste am Fell und After wiederfinden. Eine Kontrolle nach dem Gassi-Gang sollte also immer erfolgen.
Einen Waschlappen oder feuchte Reinigungstücher und ein Handtuch sollte man also immer parat haben, um nach dem Gassi-Gang – falls nötig – betroffene Körperstellen reinigen zu können.

HILFE FÜR DEN NOTFALL

Sollte man noch keinen Tierarzt oder Tierheilpraktiker – oder am besten beides – des Vertrauens haben, ist es gut, sich rechtzeitig einen zu suchen, sodass man sofort weiß, an wen man sich wenden muss, wenn bei dem Hund Altersbeschwerden auftreten. Beide sollten das Tier schon vor den ersten auftretenden Beschwerden kennen. Ebenso sollten sie auch gut erreichbar sein und im Notfall Hausbesuche anbieten.

Einiges kann sich in der Mensch-Hund-Beziehung, wie sie bisher bestand, ändern. Da man mehr Zeit zusammen verbringt, den Hund eventuell auch pflegen oder mehr betüdeln und in jeder Situation mehr auf ihn eingehen muss, wird die Beziehung zu einem alten Hund enger, unter Umständen aber auch einseitiger.
Während es vorher häufig so war, dass der Hund immer voller Lebensfreude auch etwas für uns getan hat, wie zum Beispiel ein Spieltier holen oder uns Küsschen geben, fallen solche Dinge nun vermehrt weg. Trotzdem kann man sich sicher sein, dass der Hund von unserer Pflege profitiert, sich behütet fühlt und die Liebe spürt, die wir ihm geben.

Wenn die Sehkraft nachlässt

Je älter ein Hund wird, desto mehr lässt seine Sehkraft nach, was unter Umständen bis zur völligen Blindheit führen kann. Grund hierfür ist eine Linsentrübung, auch als Katarakt oder Grauer Star bezeichnet. Sie kann zwar auch bei jüngeren Hunden auftreten, ist aber in der Regel eine typische Alterserscheinung. Ein Katarakt ist nicht heilbar (mehr dazu auf Seite 55f.).
Da die Augen aber nie das Wichtigste für den Hund waren, wird sich ein alter Hund, der langsam erblindet, wahrscheinlich gut in seinem bekannten Zuhause zurechtfinden. Man sollte es daher in dieser Zeit vermeiden, eine Renovierung mit einem Umstellen der Möbel durchzuführen. Auch ein Umzug sollte unterbleiben.
Und man sollte Risiken minimieren: Treppengitter sind hier ein Muss und alle scharfen Kanten an Türen, Möbeln usw. sollten abgepolstert oder entfernt werden.

Bei diesem kleinen Hundesenior ist die Linsentrübung schon recht weit fortgeschritten.

Bei Gassi-Gängen wählt man am besten die bekannten Routen und eine Begegnung mit fremden Hunden ist besser zu vermeiden.
Fremde Kinder sollte man bitten, den Hund nicht zu streicheln. Generell sollten Fremde sich dem Hund nun sehr vorsichtig und sanft nähern. Auch die friedlichsten Senioren können aus Angst mal beißen.

Berühren und Führen

Hunde, die sehr langsam ihr Augenlicht verlieren, kommen damit weitaus besser klar, als solche, die krankheitsbedingt von heute auf morgen erblinden. Helfen kann man als Besitzer hier, indem man dem Hund Sicherheit gibt, ihn viel berührt und auch zu Stellen hinführt wie zu seinem Futter- oder Wassernapf, falls er diese mal nicht mehr finden sollte. Auch viel Ansprache ist gut. Die Hunde orientieren sich dann daran und wissen so, wo sich der Mensch befindet. Dadurch sind sie ruhiger und entspannter.
Perfekt ist es, wenn man einen Hund schon in jungen Jahren darauf trainiert hat, Kommandos nicht nur durch Handzeichen, sondern auch durch einen einzelnen deutlichen Befehl zu verstehen. Das kann dem Hund bei einer Erblindung helfen. Vor allem draußen ist das nicht nur hilfreich, sondern auch bei drohenden Gefahren wie einem sich nähernden Auto nötig, den Hund sanft und ohne Leinenruck zum Stehen zu bekommen.

Wenn der Hörsinn nachlässt

Dass der Hörsinn im Alter nachlässt, ist völlig normal. Oft ist man sich aber nicht ganz sicher, ob der Hund tatsächlich nicht mehr hört oder nicht mehr hören will. Diese Fragestellung kommt nun auf den Halter zu. Hierfür können Sie selbst einige Tests durchführen.
Schnipsen Sie zum Beispiel mit den Fingern hinter dem Ohr vom Hund. Dreht sich der Kopf in die Richtung oder reagiert der Hund überhaupt nicht? Aber achten Sie hierbei darauf, dass Sie nicht die Haare berühren, denn das verfälscht den Test. Rufen Sie aus größerer Entfernung etwas, was ihn früher garantiert motiviert hätte und weswegen er auf alle Fälle gekommen wäre. Probieren Sie das Ganze dann auch mal aus, indem Sie dem Hund den Rücken zudrehen. Dann werden Sie merken, ob er auf den Ruf reagiert oder nur auf Ihre Körpersprache.

Sichtzeichen und Berührungen

Jetzt müssen Mensch und Hund lernen, mit der vorhandenen Schwerhörigkeit oder gar Taubheit zu leben und neu miteinander zu kommunizieren.

Wie auch bei der Erblindung ist ein enges und gutes Verhältnis zu seinem Menschen das Wichtigste für den schwerhörigen Hund. Hier ist es notwendig, die Kommunikation den Umständen entsprechend anzugleichen. Deutliche Sichtzeichen können die Hörzeichen zu großen Teilen ersetzen. Eine leichte Berührung reicht meist aus, um den Hund aufmerksam zu machen. Sinnvoll kann es sein, dem Hund beizubringen, dass er auf eine leichte Berührung hin Blickkontakt aufnehmen soll und auf weitere Sichtzeichen warten möge. Auch auf eine Handbewegung hin dem Hundehalter zu folgen, ist ein sinnvolles Kommando. Ein sicherer Umgang ist jetzt wichtig – besonders draußen.

Wer mit seinem tauben oder schwerhörigen Hund draußen unterwegs ist, sollte gut vorbereitet sein. Bei schwerhörigen Hunden kommt es vor, dass bestimmte Geräusche noch erkennbar sind. Er könnte sich vor denen erschrecken. Ganz wichtig ist es dann, seinen Hund nur noch an der Leine zu führen.

Bei vollständig tauben Hunden empfiehlt es sich, ein Handtuch oder sein Lieblingsspielzeug mitzunehmen, mit dem sich der Halter dann bemerkbar machen kann. Auch eine lange Schleppleine, an der sanft und vorsichtig gezupft wird, wenn es etwas mitzuteilen gibt, kann sehr sinnvoll sein.

Zur Vermeidung von Unfällen sollte nun die Sicherheit an erster Stelle stehen: die Sicherheit des Hundes, seines Halters und der Umgebung. Bei allen Hunden, deren Hörfähigkeit drastisch nachgelassen hat, sollte man kein Risiko eingehen

Wenn die Sinne des Hundes allmählich nachlassen, sollte man ihn sicherheitshalber mit einem Geschirr an der Leine führen.

und in der Stadt immer die Leine am Geschirr lassen, im freien Gelände ist eine lange Leine ideal. Ohne Leine sollte man den Hund nur in umzäunten Gebieten laufen lassen. Auch hierfür ist ein eigener Garten Gold wert.

Altersstarrsinn

Auch wenn bei einem alten Hund der Hörsinn allmählich nachlässt, kann es dennoch sein, dass er einfach nicht mehr hören will. Ob der Hund noch etwas hört, lässt sich testen (siehe Seite 30). Wenn er allerdings nur das hört, was er möchte, und sonst einfach stur auf stumm stellt, dann kann man schon davon ausgehen, dass hier ein Altersstarrsinn vorliegt. Das ist leider häufig so. Dennoch darf man dann nicht zu hart ins Gericht gehen mit seinem alten Hund. Man sollte zwar schon konsequent sein, aber nichts erzwingen.
Häufig tritt beim alten Hund eine Kombination von Altersstarrsinn und Schwerhörigkeit auf. Beides behindert den Hund aber nicht. Wie man aus vielen Erfahrungsberichten weiß, stört dies oft nur die Besitzer.

Kosten

Bleibt der Hund nicht bis ins hohe Alter vollständig gesund, sollte man sich darauf einstellen, dass einiges an Mehrkosten auf einen zukommt: Kosten für den Tierheilpraktiker, den Tierarzt, die Medikamente und das Futter oder auch für die jeweiligen Nahrungsergänzungsmittel oder Therapien. Der Tipp ist hier, sich schon beim Adoptieren des Hundes ein eigenes Konto mit Rücklagen anzulegen. Wenn dann unvorhergesehene Ereignisse auf einen zukommen, kann man darauf zurückgreifen.
Es gibt auch zahlreiche Hundekrankenversicherungen. Hier sollte man allerdings sehr genau darauf achten, was man zahlen muss und welche Leistungen dann dafür ausgeschüttet werden. Vielfach werden nur Operationen und Impfungen gezahlt. Ich habe in meinen Recherchen keine Krankenversicherung gefunden, die eine Behandlung durch einen Tierheilpraktiker oder Medikamente bezahlt. Viele versichern keine alten Hunde mehr.
Auch für verschiedene Materialien (stabiles Brustgeschirr, Inkontinenzunterlagen, neues orthopädisches Bett, Windeln usw.) können plötzlich weitere Kosten entstehen. Man kann hier zwar statt auf teure Inkontinenzunterlagen auch auf Windelunterlagen von den Eigenmarken der Drogerien zurückgreifen, um weniger Kosten auflaufen zu lassen, aber einiges kommt doch zusammen.

Impfungen

Ob Impfungen insgesamt für den Hundehalter vertretbar sind, muss dieser ganz allein und am besten nach guter Aufklärung entscheiden. Im Alter sollte man das Impfen beim Hund jedoch sein lassen. Meist lässt sich anhand des Impftiters

(das ist ein Bluttest zur Bestimmung, ob ein bestimmter Antikörper im Blut und wenn, wie hoch vorhanden ist) schon zeigen, dass eine weitere Belastung mit Impfstoffen und deren Trägersubstanzen im Alter nicht mehr nötig ist. Man sollte grundsätzlich bedenken, dass die Trägersubstanzen giftige Substanzen und Schwermetalle wie Aluminium, Quecksilber und Formaldehyd enthalten.
Sollte für einen Auslandsaufenthalt oder aus irgendeinem anderen Grund eine Impfung notwendig sein, kann man versuchen, die Stoffe wieder auszuleiten. Grundsätzlich sollte man eine Ausleitung (und Entgiftung) allerdings nur bei Tieren durchführen, die vom Organsystem her noch fit sind und nicht schon sehr schwächeln. Zum Ausleiten eignen sich Homöopathika wie zum Beispiel Sulfur oder auch das Entoxin-Set von der Firma Spenglersan mit den Entgiftungskomponenten für die Matrix (also das komplette Bindewebe), die Niere und die Leber. Wichtig für die Metallausleitung ist die Chlorella-Alge. Bei dieser gilt es zu beachten, dass die meisten Anbieter als Anbaugebiet Asien angegeben haben. Da es aber inzwischen eine Indoor-Produktionsanlage in Deutschland gibt, kann man auch ganz unbedenklich Chlorella-Algen ohne Schadstoffe erwerben. Die Bezugsquelle wird im Anhang genannt.

Kastration

Die Frage, ob man einen alten Hund kastrieren lässt, sollte sich klar mit „Nein" beantworten lassen. Nun können aber lebensbedrohliche Situationen dazu führen, dass trotz des hohen Alters eine Kastration sein muss. Bei Rüden kommt

Bei Rüden ist eine Kastration im Alter häufig nicht notwendig.

das seltener vor, da die meisten Probleme auch ohne eine Operation behoben werden können. Bei Hündinnen kann es nach einer Läufigkeit aber zu einer Gebärmutterentzündung mit einer Gebärmuttervereiterung kommen. Sollten hier keine schulmedizinischen Maßnahmen wie Antibiotika mehr helfen, muss eine Operation erfolgen, um das Leben des Hundes zu retten.
Sollte der alte Hund schon an Herzschwäche oder einem anderen Herzfehler leiden, wird oft von einer Operation abgeraten, da die Narkose ein großes Risiko darstellt. Mittlerweile gibt es aber auch bei Hunden die Möglichkeit, eine Operation mit einer „leichteren" Narkose in Kombination mit einer Spinalanalgesie durchzuführen, wobei das Herz-Kreislauf-System geschont wird und somit der Eingriff für den alten Hund weniger riskant ist.

Übergewicht

Sehr oft hört man in der Praxis von Hundehaltern, dass sie Angst haben, dass ihre Tiere nach einer Kastration dick werden. Sie haben das von anderen Hundehaltern gehört und im Park erzählt man sich das. Man sollte davor allerdings keine Angst haben. Es kann zwar sein, dass durch eine Hormonveränderung ein anderer Nährstoffbedarf herrscht. Aber erstens muss das nicht sein und zweitens ist es auch hier wieder so, dass kein Hund, der ein artgerechtes und hochwertiges Futter in der richtigen Menge bekommt, nach einer Kastration aus den Nähten platzt. Man sollte hierbei immer im Hinterkopf haben, dass fast alle Zivilisationskrankheiten, wie auch Adipositas (Fettleibigkeit) klare Gründe haben: ein Zuviel an Futter und zwar meistens an Industriefutter. Bereits übergewichtige Hunde sollten weniger zu Fressen bekommen und zur Vorbeugung von Übergewicht sollte man sich an die Fütterungsempfehlungen des Tierheilpraktikers oder Ernährungsberaters halten.

Beim Tier ist es wie auch beim Menschen. Sieht man sich einmal konventionelles Hundefutter an, stellt man fest, dass die Hauptbestandteile Getreide und Stärke sind. Sie sind sehr kalorienreich, enthalten aber kein Fleisch, keine Fette und reduzierte Proteine. Das, was der Hund so dringend benötigen würde, fehlt. Dafür sind Stoffe enthalten, deren Bedeutung jeder Halter erst im Internet recherchieren muss. Die meisten Probleme im Krankheitsbereich der Haustiere sind auch hausgemacht und auf dem Vormarsch seit der „Erfindung" des Industriefutters. Wird ein Hund artgerecht ernährt, ist der Gabe von Nahrungsergänzungsmitteln nicht notwendig.

Falls eine Kastration wirklich sein muss, wird der Tierarzt Medikamente für den Heilungsverlauf nach der Operation verschreiben. Mit Naturheilkunde kann man dann später arbeiten, zum Beispiel die Entzündung einer Narbe mit Spenglersan® Kolloid G behandeln. Später lässt sich die Narbe durchlässig und geschmeidig machen mit Lymphdiaral-Salbe. Bei einer späteren Behandlung kann eine Narbe einen Störfaktor darstellen, der dann mit Neuraltherapie neutralisiert werden kann.

Dieser betagten Hündin geht es gut und sie hat auch keine Gewichtsprobleme.

Läufigkeit im Alter

Die Läufigkeit kann im Alter ausbleiben oder auch genauso mit der bekannten Regelmäßigkeit weitergehen. Mir sind auch Fälle bekannt, in denen die Halter dachten, nun ist es aus mit der Läufigkeit, und die Hündin kam dann doch noch einmal in den Östrus. Im Allgemeinen verlängern sich allerdings die Läufigkeitsintervalle.
Sollte es zu Störungen bei der Läufigkeit kommen, muss man einen Tierarzt konsultieren. Es können Hormonstörungen, Scheidenvorfälle, Gebärmutterentzündungen oder -vereiterungen, aber auch Zysten und Tumoren vorliegen. Das sind alles Erkrankungen, die aber auch bei einer jungen Hündin vorkommen können. Sie sind nicht altersspezifisch.

Bei der Fütterung ist während der Läufigkeit nichts Besonderes zu beachten. Es kann nur sein, dass die Hündin hormonell bedingt in dieser Zeit kurzfristig nicht fressen will. Als Nahrungsergänzung können Aufbauvitamine gegeben werden.

Bei einer Läufigkeit, die völlig normal und ohne jegliche Störung abläuft, braucht man keine Medikamente einzusetzen. Sollte es zu Störungen oder Erkrankungen kommen, die mit der Läufigkeit einhergehen, muss man einen Therapeuten einschalten und nach Abklärung mit Medikamenten behandeln. Hier sind schulmedizinische und naturheilkundliche Behandlungen möglich. Zur Besserung der psychischen Lage der Hündin kann man gut Bach-Blüten verwenden.

Demenz – das Kognitive Dysfunktionssyndrom bei Hunden

Eine Studie von US-Tierärzten hat erstmals das Kognitive Dysfunktionssyndrom bei Hunden untersucht. Im Humanbereich versteht man unter diesem Begriff eine Demenz, die durch eine Narkose entstanden ist. Es kann aber auch damit eine Zusatzdiagnose, also sozusagen die zweite Diagnose, bei Schizophrenie-Patienten gemeint sein.

Auch beim Hund kann die „Krankheit des Vergessens“ auftreten.

Wahrscheinlich sind die Tierärzte, die diese Studie durchführten, immer noch nicht offen dafür, dass auch Tiere eine Seele und eine Psyche haben. Denn ansonsten hätte man diese Erkrankung auch als die „Krankheit des Vergessens“ beschreiben und wie die menschliche Variante benennen können. Früher wurden betroffene Menschen einfach als „tüdelig“ bezeichnet, heute heißt es dement. Und genauso verhält es sich bei unseren Hunden, auch wenn darüber noch nicht offiziell geforscht wurde. Dass aber eine demenzielle Entwicklung stattfindet, vergleichbar mit der beim Menschen, ist unbestreitbar.

Es besteht die Vermutung, dass Narkosen und ihre Inhalts- und Zusatzstoffe sowie die vielen Medikamente, die nach einer Operation verwendet werden, ihres dazu beigetragen haben, eine Demenz zu fördern.

Auch beim Menschen wird dies immer häufiger diskutiert. Beim Menschen wird es vielfach beobachtet, dass es nicht nur das sogenannte „Durchgangssyndrom" gibt, sondern dass Narkosen auch echte Demenzen auslösen können bzw. bestehende verschlimmern.
Hat ein Hund beispielsweise eine Bissverletzung im Alter, kann auch eine Narkose ausreichen, um die Demenz auszulösen, die sich dann immer mehr verschlechtert. Auch wenn wie schon zuvor erwähnt eine leichtere Narkose in Kombination mit einer Spinalanalgesie verwendet wird, ist das Verursachen einer Demenz nicht ganz ausgeschlossen.

URSACHEN

Mögliche Ursachen für eine Demenz, die ich im Laufe meiner Praxiszeit immer wieder bei Hunden feststellen konnte, sind:

- *Epilepsie*
- *Hirntumoren*
- *jede Art von Hirnschädigung*
- *Geriatrisches Vestibulärsyndrom*
- *allgemeines Geriatrisches Syndrom*
- *Narkosen*

Näheres dazu wird später noch im Text erläutert.

Definition

Eine Demenz (lateinisch: demens = „ohne Geist" bzw. mens = Verstand, de = abnehmend) ist ein Defizit in kognitiven, emotionalen und sozialen Fähigkeiten. Vor allem sind das Kurzzeitgedächtnis, aber auch das Denkvermögen und die Motorik, bei einigen Demenz-Formen sogar die Persönlichkeitsstruktur betroffen. Heute sind verschiedene Ursachen von Demenzen geklärt; einige Formen können in gewissem Umfang behandelt werden, das heißt, das Auftreten der Symptome kann im Anfangsstadium einer Demenz verzögert werden.

Demenz ist der Oberbegriff für Erkrankungsbilder, die mit einem Verlust der geistigen Funktionen wie Denken, Erinnern, Orientierung und Verknüpfen von Denkinhalten einhergehen und die dazu führen, dass alltägliche Aktivitäten nicht mehr eigenständig durchgeführt werden können. Dazu zählen beim Menschen die Alzheimer-Demenz, die Vaskuläre Demenz, Morbus Pick, Frontotemporale Demenz sowie weitere Demenzformen.
Mit dieser Definition lässt sich eindeutig sagen, dass es Demenz auch bei Tieren gibt. Beim Hund ist sie aufgrund der vorgestellten Symptomatik durchaus erkennbar.

Da Demenz als offizielle Krankheit beim Hund (noch) nicht anerkannt ist, geht man hier von den Symptomen aus, die einem aufmerksamen Halter zuerst auffallen. Je nach Kenntnis des Halters kann dieser die Symptome dann durch einen Tierarzt oder Tierheilpraktiker verifizieren lassen.
Die durchschnittliche Lebenserwartung bei einem Hund mit Demenz liegt bis zu einem Jahr nach Symptom-Feststellung.

Veränderungen durch Demenz

Welche Veränderungen treten mit dem Alter und der Demenz auf und wie können wir damit umgehen?
Hier einige Beispiele für die typischen Anzeichen einer Demenz:

- Der Hund steht nach dem Essen wie steif und angewurzelt am Topf, guckt nach vorne, leicht gebeugt stehend, und muss dann erst wieder „geweckt" werden. Von selbst passiert nichts.
- „Ist da wer?" Es scheint, als sehe der Hund Geister und bemerkt etwas, was nicht da ist.
- Der Hund steht im Zimmer und schaut, als wenn er nicht mehr weiß, wo er ist und wer er ist.
- Der Hund hat ständig Hunger. Er weiß ja nicht mehr, dass es eben schon Essen gab.
- Nach dem Essen wird wie gewohnt die Schnauze in der Decke im Körbchen geputzt. Nur steckt er in der Decke fest und kommt allein nicht mehr raus. Er bekommt dann aber auch keine Panik oder versucht auch nichts weiter, um sich zu befreien. Er bleibt dann liegen, bis im schlimmsten Fall der Erstickungstod kommt oder hoffentlich der Mensch, der den Hund befreit.
- Der Hund liegt an seinem Platz und schaut dann ruckartig hoch oder runter, als würde er Geister sehen.
- Der Hund döst, schläft aber nicht ein, ähnlich wie ein Wachkoma.
- Der Hundehalter darf nicht weggehen, sonst wird gebellt. Der Hund ist nun total auf seinen Menschen fixiert. Er verfolgt ihn auch den ganzen Tag quer durch die Wohnung.

Dazu kommen dann häufig noch erschwerend die Symptome des Vestibulärsyndroms (siehe Seite 85ff.) und bestimmte Verhaltensweisen, wenn der Hund auf sich aufmerksam machen will, weil er essen möchte oder nach draußen muss.

Ein sogenanntes „Helfer-Syndrom" sollte der Mensch auf jeden Fall mitbringen – und unendliche Liebe zum Tier natürlich. Einem darf nichts egal sein. Es wird anstrengend, es ist aufopfernd, aber wenn man sich dazu entscheidet, bekommt man sehr viel Liebe zurück. Denn wie beim Menschen mit Demenz ist es auch beim Hund zu beobachten, dass die Gefühle eine viel größere Rolle spielen als vorher und dazu auch noch vertieft werden, und zwar von beiden Seiten.

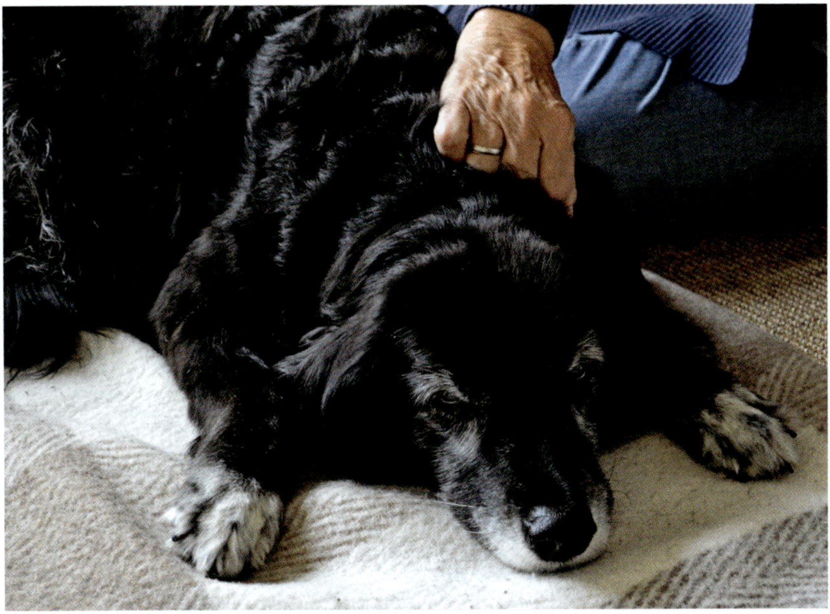

Ein dementer Hund benötigt besonders viel Aufmerksamkeit und Zuwendung.

Üblich ist es, dass die Hunde schneller erschöpft sind und mehr schlafen. Hier ist eine Abklärung, ob eine zusätzliche Herzerkrankung vorliegt, dringend notwendig.
Leider liegt gerade beim dementen Hund oft noch ein „Geriatrisches Vestibulärsyndrom", auch einfach Vestibulärsyndrom genannt, vor. Dies bezeichnet eine Störung des Gleichgewichtsorgans, wodurch die Bewegung, die Orientierung und die Bewegungskoordination beeinträchtigt sein können. Näheres dazu wird später noch beschrieben (siehe Seite 85ff.).
In dem Fall müssen wir uns darauf einstellen, dass wir einen aktiven, aber tüdeligen Hund vor uns haben. Der Hund ist dann oft vom Körper her sehr alt und vom Wesen her wie ein Welpe, ähnlich wie beim Menschen, der wieder zum Kind wird. Und auch draußen rennen diese Senioren oft noch wie junge Hunde herum.

Vom Kopf her gibt es auch oft Lichtblicke, aber sonst verhält es sich vergleichbar wie mit einem demenzkranken Menschen: Der Hund weiß nicht mehr, dass er schon Gassi war, deshalb kann es schon mal sein, dass wir dann alle zwei Stunden oder noch öfter mit ihm raus müssen. Er weiß nicht mehr, dass er schon sein Fressen bekommen hat, deshalb gibt es auch das dann viel öfter. Achtung: Viele Halter denken, dass ihr Hund das Fressen eingestellt hat und nicht mehr leben will. Stellt man ihm dann aber den Napf vor die Nase, frisst er wie ausgehungert. Er hat dann den Napf am alten Platz einfach nicht mehr gefunden.

Trennungsangst und Kontrollverlust

Man darf diese Hunde oft nicht mehr allein lassen, weil sie dann ganz starke Verlustängste durchleiden. Das gilt auch für Hunde, bei denen das vorher nie so auftrat. Solche Dinge können sich ins genaue Gegenteil ändern. Man darf sie aber auch oft nicht anfassen. Sie zucken dann zurück, wobei man sich schon fragt, erkennen sie einen nicht mehr oder haben sie Vertrauen verloren? Manchmal stehen sie wie zurückgelassen in der Gegend. So vieles ist mit der Demenz beim Menschen vergleichbar.

Der Welpe wacht auf und muss sofort raus, der demente Hund auch – ganz schnell und ohne Kompromisse! Prompt ist er aufgewacht, geht es los. Und das von 0 auf 100. Oft wird nur das kleine und große Geschäft erledigt, dann geht es wieder ab nach Hause. Am Schnüffeln oder an Sozialkontakten besteht kein Interesse mehr.
Wie auch bei der Demenz beim Menschen kommt es häufig zur Inkontinenz, sowohl von Urin als auch Kot. Oder der Hund hat einfach, wie der alte Mensch auch, vergessen, dass er doch eben schon Pipi machen war. Es gibt durch die eventuelle Inkontinenz also viel mehr zu Putzen. Auch die Kleckerei beim Essen muss aus hygienischen Gründen immer sofort beseitigt werden, denn die Nahrungsaufnahme ist inzwischen nicht mehr ohne Kleckern hinzukriegen. Am allerbesten kommt man damit klar, wenn man einmal bereits einen alten, dementen Menschen gepflegt hat. Dann kann man vieles vergleichen und auch leichter ertragen.

Auch bei Demenz gibt es vor allem in den ersten Phasen immer wieder Lichtblicke, in denen der Hund ganz aufmerksam ist.

Für das Leben im Alter muss man jedenfalls gegenseitig vollstes Vertrauen aufbauen: Beim Hochtragen der Treppe muss sich der Hund ebenso wie bei der Stabilisierung beim Gassi-Gehen voll auf einen verlassen können. Leider kommt es auch manchmal zum Vertrauensverlust. Die Hunde sind dann ängstlich, skeptisch, ihre Blicke verraten: „Tu mir nix!“ oder auch: „Nicht anfassen!“. Andere alte Hunde werden oft anhänglicher. Meist sind es die Hunde, die vorher kein großes Interesse am Schmusen und Betüdeln hatten, die im Alter anhänglicher werden, während diejenigen, die vorher schon die großen Schmuser waren, das mit dem Alter dann eher ablegen. Hunde warten bei vielen Dingen schon richtig darauf, dass ihnen dabei geholfen wird, auch wenn sie sich früher nie helfen ließen. Es entsteht ein „Fallenlassen“ wie nie zuvor.

Hunde sind Gewohnheitstiere, daher sollte man so wenig wie möglich ändern, Abläufe so lassen wie gehabt oder an den Hund anpassen, wie es für ihn am besten ist. Stabilität ist jetzt ganz wichtig. Diese gibt dem alten Hund Sicherheit. Man sollte jede Art von Aufregung vermeiden, denn dadurch kommt es bei vielen Senioren zum „Schnorcheln“, also einem aufgeregten Atmen. Manchmal liegen die betroffenen Hunde auch so, dass auf der Luftröhre Druck lastet. Dann hören sie sich an wie hohl trötend. Und es wird oft noch schlimmer.

Kontrollverlust gehört auch typischerweise zu Demenz: Der Kontrollverlust stellt sich ein und führt zu Panik. Auch das „Am-Rockzipfel-hängen“ nimmt immer mehr zu oder der Hund läuft ständig hinter einem her, weil er fressen möchte. Man kommt sich dann vor, als wenn man ein privates Pflege- und Altenheim für Hunde errichtet hat, nur dass man leider kein Pflegepersonal hat, was einem helfen könnte.

Die alten Hunde machen jetzt auch eher und oft anders auf sich aufmerksam: So kann zum Beispiel „Ich muss Pipi“ durch Hecheln ausgedrückt werden, was sonst eigentlich ein Zeichen von Schwitzen oder Anstrengung war. Was der Hund einem genau sagen will, muss man dann individuell herausfinden. Daher ist es angebracht, ihn immer genau zu beobachten und auf die kleinsten Anzeichen zu achten.

Immer unter Aufsicht

Bei einem dementen Hund muss man rund um die Uhr auf ihn aufpassen, damit er nicht gegen die Wand rennt oder unter Verlustängsten leidet. Bei extremen Fällen kann man den Hund auch nicht mehr allein im Zimmer lassen, da man darauf achten muss, was er macht, wenn er gleich aufwacht. Selbst ins Bad zu gehen, schafft man oft nicht mehr, zumindest nicht, wenn man allein diese Aufgabe der Hundebetreuung bewältigen muss. Auch ihn allein in den Garten zu schicken, ist oft nicht mehr möglich. Zum einen muss man aufpassen, dass der Hund beispielsweise nicht ins Rosenbeet rennt oder über Steine stolpert, andererseits kann der Hund in Panik geraten, wenn er uns nicht mehr sieht.

Auch wenn ein Hund alt oder dement ist, kann er noch den Moment genießen.

Im Sommer in den Garten zu gehen, könnte dann aus Sicht des Hundes so aussehen: Ich will raus, ja, wie schön. Wenn ich dann alles abgeschnüffelt habe, hechele ich, um zu sagen, dass ich dann wieder rein will. Meine Menschen nicht? Die müssen aber, weil ich ja Bescheid sage, indem ich hechele und dann Panik bekomme. Also ab Marsch und wieder rein.
Hatten Sie Ihren Hund erzogen? Durfte er nicht ins Schlafzimmer rein? War das die Alpha-Höhle? Nun gibt es ab sofort all so etwas nicht mehr. Und das ist vom Hund nicht böse gemeint. Er erinnert sich einfach nicht mehr an die Dinge aus den vergangenen Zeiten. Es wird anstrengend, aber es lohnt sich zu sehen, dass man unendliche Liebe von seinem Gefährten zurückbekommt. Verantwortung ist hier das Wort, was groß geschrieben werden muss! Verantwortung, die wir für das adoptierte Tier übernehmen – in guten wie in schlechten Zeiten. Und das muss jeden Tag so sein, nicht nur in Ausnahmefällen. Den Hund in den Mittelpunkt zu stellen allein, genügt nicht – die Bezeichnung „Erddreh- und Angelpunkt“ trifft dann eher zu.

Beim Gassi-Gehen muss man den Hund mithilfe der Leine stabilisieren, da er stolpern oder auch plötzlich umfallen könnte. Dafür sollte man ein Brustgeschirr benutzen. Fall nötig, kann man den Hund auch mit der Hand seitlich stützen.
Es kommt auch häufig vor, dass der Hund auf einmal im Kreis läuft. Das kann sowohl beim Spaziergang als auch in der Wohnung passieren. Auch darum ist es sinnvoll, den Hund immer im Auge zu behalten, um ihn gegebenenfalls vor einem Umfallen zu bewahren.

AUCH AN SICH SELBST DENKEN

Durch die gebückte Haltung, die man oft selbst einnimmt, um auf den alten Hund aufzupassen und ihm zu helfen, geht man selbst immer in Fehlhaltung und verspannt sich. Erst wird der Nacken verspannt, dann verhärtet, dann kommen die Kopfschmerzen dazu. Somit muss man auch an sich selbst denken und versuchen, durch Lockerungsübungen, Yoga und andere Bewegungen diese Verspannungen zu vermeiden, oder eine Physiotherapie einplanen.

Die gewohnte Umgebung und ein gemütlicher Schlafplatz sind für einen dementen Hund sehr wichtig.

Das Im-Kreis-Laufen wird meistens durch das Vestibulärsyndrom (siehe Seite 85ff.) verursacht. Das Stolpern des Hundes kann eventuell auch an der Altersschwäche an sich liegen. Das Stehen vor einer falschen Zimmertür ist aber ein klares Anzeichen von Demenz. Und es gibt auch immer wieder neue Marotten: Manche Hunde lassen sich einfach wie ein Mehlsack fallen, anstatt sich wie vorher kontrolliert hinzulegen.
Und man sollte bloß nicht denken, dass eine Veränderung bei der Demenz dann auch gleich bleibt. Durch die Demenz finden permanente Veränderungen statt. Und auf diese muss man sich immer wieder erneut einstellen.

Körperliche Veränderungen

Die Beine der alten und an Demenz erkrankten Tiere werden schwächer. Somit ist es durchaus zu vertreten, diese Hunde lieber die Treppen hinauf und hinunter zu tragen, als das Stolpern und eventuelles Hinfallen in Kauf zu nehmen.
Sicher schauen wir Halter uns mal Videos an, wo unser kleiner Hundezwerg noch gerannt, gesprungen und getobt ist. Wir denken, wie lange ist das schon her? Aber anderseits müssen wir uns auch fragen: „Wie viele 90-jährige Menschen joggen noch?"

Auch neurologisch-motorisch treten Veränderungen ein: Die Vorderpfoten stehen enger zusammen und der Hund wird dann vorne „windschief" nach rechts und links wankend gehen.
Nicht-Hunde-Menschen, die einen auf der Straße treffen oder auch nur kurz sehen, sagen dann häufig: „Was für ein Elend!" Sie sehen nur einen torkelnden Hund. Dass das aber kein Dauezustand ist, sehen sie nicht; sie beurteilen nur

diesen Moment. Hundehalter müssen sich da so ein dickes Fell zulegen, wie es ihre Hunde bereits haben, und solche Kommentare einfach abprallen lassen.
Da die Demenz beim Hund häufig dem Vestibulärsyndrom (siehe Seite 85ff.) folgt, sind auch das Kreisen und die Unruhe typisch. Man kann bei den Hunden entweder die Unruhe oder das vermehrte Schlafbedürfnis bemerken.

Beim dementen Hund gibt es auch noch weitere körperliche Veränderungen wie zum Beispiel die Verhärtung der Wirbelsäulen-Muskulatur vom Kopf bis zur Rute. Das kommt daher, dass sich Lebewesen, die an Demenz erkrankt sind, von Kopf bis Fuß verspannen. Regelmäßige Physiotherapie ist hier angebracht.

Veränderungen im Kopf

Vom Kopf her ist wieder vieles mit der Demenz beim Menschen vergleichbar: Der Mensch denkt an die Kartoffelernte damals und sagt: „Ich muss weg, der Zug kommt." Eine sogenannte „Hinlauftendenz" wie beim Menschen gibt es auch beim Hund. Auch wenn der Hund keine oder nur noch wenig Orientierung hat für den Ort, wo seine Menschen das Essen zubereiten – dass er dahin muss, weiß er häufig noch.
Wie ältere Menschen auch sagen: „Was hat man denn noch im Leben außer Essen?" Genauso denken die an Demenz erkrankten Hunde wohl auch.
Aber trotzdem sollte man diese Hunde nicht zu sehr betüdeln, sondern sie erst mal alles allein versuchen lassen. Helfen ja, ständig eingreifen, nein!
Es gibt dann auch Phasen wie „Ich will weg" oder „Lass mich in Ruhe". Das zeigt sich dann zum Beispiel durch Hecheln, was vielfach mit Panik gleichzusetzen ist. Durch Nervenstress wird auch oft Urin gelassen.

Es gibt auch Phasen, da möchte der Hund einfach in Ruhe gelassen werden.

Und wenn der Hund etwas nicht will, kann er auch schon mal orientierungslos werden – obwohl ich den Hunden hier sicher nicht unterstellen will, dass das dann absichtlich passiert.

Bei zu großer Unruhe kann man auch mal ein Beruhigungsmittel für die Nacht geben. Man muss bei dieser Entscheidung jedoch berücksichtigen, dass es mit dem behandelnden Tierarzt abgesprochen sein muss und dieser das Rezept ausstellt. Als Nebenwirkung kann jedoch Durchfall auftreten. Dadurch würde alles noch viel schlimmer werden und man müsste noch öfter raus. Und die Frage ist auch, ob man dem Hund das zumuten will.

Die Zustände, wie es dem Hund geht, sind dann nicht mehr nur tagesformabhängig, sondern „gassiformabhängig". Es kann durchaus einige Zeit stabil sein, aber man weiß nie, wie es in der nächsten Stunde ist. Darauf sollte man vorbereitet sein.
Man nimmt vieles einfach als zu selbstverständlich hin. Man sollte sich aber jeden Tag freuen, dass der Hund noch da ist.

Die Demenz-Phasen

Man unterscheidet verschiedene Demenz-Phasen. Zwar gibt es beim Hund nicht so offizielle Einteilungen wie beim Menschen. Aber durch meine eigenen Erfahrungen in der Praxis habe ich im Folgenden die Phasen anhand einiger Beispiele beschrieben.

Phase 1:
Es beginnt mit einem Vertrauensverlust. Das trifft einen als Hundehalter besonders, ähnlich wie bei einem Verwandten, der an Demenz erkrankt ist und einem nicht mehr traut und einem eventuell sogar Diebstahl vorwirft.
Diesen Vertrauensverlust erfährt man zum Beispiel beim Füttern oder beim Anfassen. „Aufregung und weg", heißt es dann für den dementen Hund.
Der Hund steht nun oft verwirrt in der Gegend herum und weiß nicht mehr, wohin er eben noch wollte. Zu Anfang ist es noch ganz einfach, den Freund kurz anzutippen und ihn aus dieser Starre herauszuholen. Dann ist es wieder so, als wenn nichts gewesen wäre, und der Hund geht weiter seinen Aufgaben nach. Manchmal ist er jedoch orientierungslos.
In dieser Phase kann es auch sein, dass der Hund einfach vergisst, dass er schon Futter hatte.

Phase 2:
Der Hund hat vergessen, wie es geht, Futter zu fressen. Wenn zu Anfang der Phase 2 der Demenz das Essen mal verweigert wird, ist dies noch längst kein Grund, um beim Halter für Aufregung zu sorgen oder sogar eine Euthanasie in Betracht

zu ziehen. In dieser Phase hat sich der Hund noch längst nicht aufgegeben. Auch hier ist es oft eine „Starre“, in die er kurzzeitig gefallen ist. Meistens wird kurz danach das Essen dann wieder mit Hunger verschlungen.
Typisch für diese Phase ist auch der starre Blick. Die Zunge hängt dann öfter einfach mal heraus, was der Hund aber einfach nicht zu merken scheint.

Phase 3:
Der Hund findet das Futter nicht mehr. Der Hund muss in dem Fall „angefüttert“ werden, das heißt, man muss es ihm dicht unter die Nase stellen. Meistens schlingt er das Futter dann mit Heißhunger hinunter. Später wird auch dieses positive Erlebnis ausbleiben und der Hund wird sehr langsam und beschwerlich fressen.

Bei der dritten Phase, der extremen Demenz, ist dann oft noch zusätzlich ein Verlust der Sinne zu verbuchen:
Der Geruchssinn nimmt ab und geht gen Null. Der Hund bemerkt dann zum Beispiel das Leckerli erst, wenn es direkt unter seiner Nase liegt.
Der Hörsinn ist so gut wie nicht mehr vorhanden. Der Hund ist also taub oder zumindest fast taub (mehr dazu auf Seite 80ff.).
Das Augenlicht lässt oft auch immens nach. Der Hund kann sich aber eventuell noch auf ein Zeichen hin ins Platz legen. Ob bei dem Hund die Sehleistung stark nachgelassen hat, kann man selbst einfach testen (mehr dazu auf Seite 55f.).

Wenn sich ein Hund so hinlegt, kann es ein Zeichen für Demenz sein – oder auch einfach für Lebensfreude!

Man kann also zusammenfassend sagen, dass sowohl das Hören als auch das Sehen und sogar der Geruchssinn durch die Demenz sehr stark beeinträchtigt sind. Beim Menschen wird auch das Sehfeld eingeschränkt. Man kann davon ausgehen, dass es beim Hund ähnlich ist.

Außer der Einschränkung der Sinnesleistungen gibt es noch eine Reihe weitere Anzeichen für eine Demenz beim Hund, weil das Bewusstsein über die eigene Körpergrenze verloren geht.

- So kann es passieren, dass der Kopf beim Trinken ins Wasser fällt.
- Der Hund versucht sich hinzulegen und auf einmal streckt er die Beine in die Luft.
- Der Hund fällt ins Körbchen und bleibt dort liegen. Das „Sich-gemütlich-Machen“ oder Buddeln im Körbchen bleibt jetzt weg.
- Der Hund bleibt unter einem Stuhl, unter einem Tisch oder in einer Ecke stehen und kommt von dort nicht mehr allein wieder raus.
- Der Hund rennt gegen Türen oder will durch die falsche Tür hindurchgehen.

Kommandos wie „Platz“ und „Sitz“ werden häufig nicht mehr verstanden. Auch andere Tricks auf Kommando wie Pfoten-Heben, Küsschen-Geben oder Apportieren funktionieren nicht mehr. Das Herkommen auf Handzeichen kann aber noch klappen. Eine typische Demenz-Erscheinung ist auch das „Geister-Sehen“: Ist da wer?

Auch bei einem lauten Bellen und Jaulen ohne ersichtlichen Grund kann es sich um Anzeichen für eine Demenz handeln. Schreit der Hund laut, kann er sich vielleicht selbst nicht mehr hören. Hier sollte man abchecken, ob eine Schwerhörigkeit vorliegt oder der Hund eventuell auch an Demenz leidet.

Psychisch können sich Hunde ebenso verändern wie Menschen. Sie werden skeptisch, auch ihrem geliebten Halter gegenüber. Deshalb sollte man so einem Hund auch nur noch liebevoll begegnen und den eigenen Frust später oder in einem anderen Raum herauslassen.

WAS DIE DEMENZ BEEINFLUSSEN KANN?

Es gibt einige Faktoren, die offensichtlich das Auftreten von Demenz beeinflussen können, wie meine eigene Erfahrung als Tierheilpraktikerin zeigt:

- *Stress (positiver und negativer)*
- *Medikamente*
- *Umweltgifte*
- *Gene*

Umgang mit einem dementen Hund

Man sollte darauf achten, dass für einen dementen Hund die Umgebung und auch das Familienumfeld stabil sind. Das bedeutet, dass möglichst alle Aktivitäten immer zu denselben Zeiten durchgeführt werden. Und es sollten, wenn es irgendwie geht, keine Urlaube, keine Streitereien in der Familie und kein Umzug erfolgen.

Demente Hunde haben einen ganz anderen Schlafrhythmus und wandern nachts häufig herum. Aufgrund ihrer Demenz finden sie dann oft auch nicht mehr ins Bett zurück oder sie bleiben unter Stühlen oder dem Nachttisch stecken. Hier sollte man dann als Halter aufstehen und den Hund mithilfe einer Taschenlampe zurück in sein Bett führen.

Je älter ein Hund wird, desto mehr wird er zu einem Gewohnheitstier. So möchte er oft dieselben gewohnten Strecken zurücklegen, auch beim Gassi-Gang. Dies zu ändern und mal andere Wege zu gehen, gestaltet sich dann als äußert schwierig. Trotzdem sollte man weiter die Lieblingsplätze in einem nahe gelegenen Park anfahren. Dort kann der alte Hund dann wie nicht erkrankte Hunde auch wieder mal schnüffeln und Freunde treffen. Daran hat er sichtlich Spaß.
Die Spaziergänge werden zwar immer kürzer, aber häufiger und können auch alle anderthalb Stunden nötig sein. Und um einen zu wecken, rasen die kranken Hunde oft gegen Türen und schnaufen.

Wenn die Bewegung noch nicht zu stark eingeschränkt ist, macht auch im hohen Alter das Ballspielen Spaß

Also wird das Aufstehen zwischendurch immer häufiger und immer früher. Auch die Futterportionen werden mehr. Geben Sie Ihrem Hund dann einfach kleinere Portionen von gutem, leicht verdaulichem Futter.

Und denken Sie immer daran: Auch alte, demente Tiere können noch ihren Spaß haben und das Leben genießen! Sie können sich immer wieder komplett erholen und die Regenerationszeit dauert häufig sogar nur einen Tag.
Trotzdem sollte man damit rechnen, dass immer wieder mal ein Anfall oder kleinere Ausfälle auftreten. Viele davon sind aber nur kurzfristig mit Problemen verbunden.

Errichten Sie den Wohnraum Ihres Hundes barrierefrei, sodass er sich nicht verletzten kann. Sie können alle Ecken, Kanten und Wände auspolstern. Man kann sich hierfür ganz einfacher Materialien bedienen, die man oft ohnehin im Haus hat:

- Plastikfolie mit Luftpolstern, die in Paketen dem Polstern dienen
- Decken
- Gartenmöbel-Auflagen
- Styropor (nicht bröckelnd!)
- Sitzsäcke
- große Stofftiere

Hier sind der Kreativität keine Grenzen gesetzt. Sicher hat jeder etwas davon schon zu Hause.

Ernährung

Weiter sollten Sie die Futternäpfe hochstellen. Oft haben alte Hunde auch Gelenkprobleme und können in einer höheren Position besser fressen. So besteht auch weniger die Gefahr, dass sie kopfüber in den Napf fallen, wenn sich ein Schwächeanfall anbahnt.

Bei demenzkranken Hunden muss man bei der Ernährung nichts Besonderes beachten, nur, dass es eben sein kann, dass die Hunde ihren Napf nicht mehr finden und man eben mal „den Knochen zum Hund bringen“ muss. Ein „Anfüttern“ mit der Hand ist oft notwendig. Nahrungsergänzungsmittel sind nicht nötig.

Medikamente

Ginkgo Meckel® Tropfen zur oralen Eingabe unterstützen die Hirnfunktion nicht nur beim Menschen. Auch bei Hunden kann man eine deutliche Aktivitätssteigerung mit mehr Konzentration und verbesserter geistiger Aufnahme beobachten – und das schon in sehr kurzer Zeit. Bei einem mittelgroßen Hund gibt man dreimal täglich 20 Tropfen.
Johanniskraut (450 mg Pulver als Kapsel) dient zur Beruhigung und zur nervlichen Entspannung. Es kann auch vom Halter genommen werden.

Oyo® sind Dragees, die Natrium-Pangamat enthalten. Sie gehören zur Gruppe der B-Vitamine und bringen verstärkt noch einmal Sauerstoff in den Kreislauf. Sie sind auch bei herzkranken Patienten sehr gut anwendbar. Ohne Nebenwirkungen kann man die Hunde so wieder fit bekommen.
Spenglersan® Kolloid A dient zur Einreibung. Dieses Medikament ist für jeden alten Organismus geeignet, ob Mensch oder Tier. Spenglersan® Kolloid A verbessert die Sauerstoff-Zirkulation im Blut.

Eine gewisse Orientierungslosigkeit und geistige Abwesenheit sind typische Anzeichen für eine Demenz beim Hund.

Typische Alterserkrankungen von A-Z

Im Folgenden werden die typischen Alterserkrankungen beim Hund sowie deren Vorbeugung, Linderung und mögliche Behandlung beschrieben. Verschiedene naturheilkundliche Therapieformen und physiotherapeutische Maßnahmen, die auch vom Hundehalter selbst angewendet werden können, werden im anschließenden Kapitel erläutert.

Allergien

Oft ist es so, dass sich Allergien beim Hund bereits im Laufe des Erwachsenwerdens einstellen. Aber es gibt auch die Varianten, besonders bei Akut- und Kontakt-Allergien, die erst im Alter auftreten. Hierbei ist es wichtig, all die Faktoren zu eliminieren, die zu einer Allergie führen, seien es die schweren Stoffvorhänge, die Millionen von Milben beherbergen, oder auch der Wollteppich, in dem sich diese kleinen Parasiten sehr wohl fühlen. Je nach Allergie sollten solche Sachen komplett aus dem Haushalt entfernt werden.
Häufig sind noch Feder- oder Daunenbetten im Gebrauch. Wenn Hunde sich im Schlafzimmer oder Wohnbereich aufhalten, wo diese Sachen aufbewahrt werden, sollten sie außer Reichweite des Hundes gebracht werden.
Wie auch beim Menschen kann es vorkommen, dass neue und behandelte Materialien wie Laminat oder Möbelbelze zur Auslösung einer Allergie führen können. Wenn man etwas nicht beseitigen kann, weil es leider oft nur mit einem Wohnungswechsel verbunden ist, sollte man überlegen, wie man mit Tricks arbeiten

Ob ein Hund an bestimmten Alterserkrankungen leidet, ist ihm oft nicht anzusehen.

kann. Den Hund kann man zum Beispiel in einem anderen Zimmer einquartieren. Da Allergien sehr vielfältig sein können, ist hier eine akribische Ursachenforschung angesagt. Die neuesten Erkenntnisse besagen, dass die teuren Allergietests nicht hundertprozentig sicher sind: Die Immunglobuline des Typs IgG haben mit der Suche nach Allergien nichts zu tun. Das Immunsystem bildet sie immer als Reaktion auf Bestandteile im Futter. Und die IgE-Tests allein reichen nicht aus, um eine echte Allergie nachzuweisen. Hier ist wieder die alte Spurensuche gefragt: Eliminationsdiäten und das Weglassen von Medikamenten, die immense Nebenwirkungen haben, sollte hier das Mittel der Wahl sein.
Vielfach habe ich in meiner Praxis beobachten können, dass besonders die Hausstaubmilbenallergie eine besondere Problematik im Alter darstellt.

Diagnostik
Bluttests, Beobachtungen, Ausschlussdiäten, Hautgeschabsel.

Futter
Achten Sie darauf, ob der alte Hund auf bestimmte Stoffe, die verfüttert werden, inzwischen allergisch reagiert. Diese sollten dann weggelassen und andere sollten ausprobiert werden. Sollten bestimmte Diät-Futtermittel angeboten werden, überprüfen Sie diese bitte erst auf ihre Inhaltsstoffe und besprechen das dann mit einem Therapeuten. Vielfach sind diese Futter nur hypoallergen, aber sonst nicht gesund.

Eine zunehmende Schwäche ist im Alter völlig normal und wird auch von den anderen Rudelmitgliedern akzeptiert.

Medikamente

Schulmedizinisch werden hier Anti-Histaminika eingesetzt. Diese wirken auf die Histamin-Produktion und bremsen diese. Die Ursache wird damit aber nicht bekämpft. In der Naturheilkunde setzt man verschiedene, dem Hund angepasste Homöopathika ein, aber auch pflanzliche Mittel, Eigenblut-Therapie, Nosoden (Nosoden sind homöopathisch aufbereitete Mittel aus Krankheits- und Stoffwechselprodukten wie Blut, Eiter usw.; hier versucht man Gleiches mit Gleichem zu heilen) oder die Spenglersan®-Allergie-Therapie mit den Spenglersan® Kolloiden K und G.
Ebenso Cortison findet hier den Einsatz. Auch als praktizierende Tierheilpraktikerin verurteile ich nicht den Einsatz von Cortison. Bei schlimmen Allergien im Alter sollte man lieber Cortison geben, als Atemnot-Anfälle in Kauf zu nehmen.

Allgemeine Schwäche

Eine allgemeine Schwäche im Alter gilt als völlig normal und ist kein Grund zur Sorge. An dieser allgemeinen Schwäche leiden Hunde viel seltener als der Mensch. Aber auch wenn es Ihren Vierbeiner betrifft, können Sie mit naturheilkundlichen Mitteln hier gut helfen.
Allerdings kann immer wieder etwas Neues dazu kommen. Ich möchte Mut machen, mit der veränderten Situation mit einem alten Hund gut umzugehen und trotz der vielen Zeit, die es kostet, und den ganzen Entbehrungen, mit denen man zwangsläufig dann leben muss, das beste aus diesem Lebensabschnitt zu machen und vieles noch positiv zu sehen. Es ergibt sich dann eine noch innere Beziehung zum eigenen Tier.

Diagnostik

Beobachtungen.

Futter

Hochwertiges Futter mit genügend verwertbaren Proteinen.

Nahrungsergänzungsmittel

Ginseng wirkt als Stärkungsmittel. Malzbier zum Trinken (Achtung: Nicht bei Diabetikern!) ist ein wunderbares Aufbaumittel ohne jegliche Nebenwirkungen. Es stärkt und beruhigt durch seine Inhaltsstoffe und hat auch noch viele Kalorien, die der alte oder auch rekonvaleszente Hund gut gebrauchen kann.

Medikamente

Hier sind Vitaminpräparate, die als Mischungen im Fachhandel erhältlich sind, zu empfehlen. Es gibt sie oft als Komplexmittel mit Mineralien und Spurenelementen aus Kräutern und anderen Pflanzen, die den Hund aufbauen. Dabei sollte man sich nach der Herkunft erkundigen. Wurden die Produkte im Ausland hergestellt, kann es sein, dass durch zu lange Lagerung und den Transport viele Vitamine abgebaut worden sind. Sind die Produkte in Asien hergestellt, können sie Schadstoffe enthalten, da die Gesetzeslage dort eine andere ist.

Analdrüsenentzündung

Die Analdrüsenentzündung ist die am häufigsten vorkommende Erkrankung der Analbeutel. Hier steht einmal die Bindegewebsschwäche als Ursache eines alten Hundes im Vordergrund, aber auch die entzündliche Komponente. Oft ist auch zu weicher Kot die Ursache, was sich mit einer Futterumstellung leicht beheben lässt.

Bei Hunden, die mit dem Hinterteil über den Teppich rutschen (Schlittenfahren!) oder sich immer wieder im Bereich der Analgegend lecken, sind Analdrüsenproblemen viel häufiger der Grund als ein Wurmbefall, wie oft angenommen wird.

Sind die Analdrüsen mit Sekret voll und kann der Hund dieses nicht mehr allein abgeben, müssen die Analdrüsen manuell von einem Therapeuten ausgedrückt werden. Hierbei sollte der Therapeut jedoch immer darauf achten, dass er erst die Analdrüsen beidseitig ertastet und dann vorsichtig drückt, denn ein ständiges, massives und hartes Ausdrücken der Analdrüsen kann diese Problematik verstärken.

Beachtet man die Zeichen der Analdrüsenproblematik nicht, füllen sich die Drüsen immer mehr und es kommt zu einer Verstopfung. Meist ist diese mit einer Entzündung und einem sehr schmerzhaften Kotabsatz verbunden. Hochgradige Entzündungen mit Schmerzen gehören dann in die Hand eines Tierarztes, der die Analbeutel eventuell spülen, mit Antibiotika versorgen und den Hund dafür in eine kurze Narkose legen wird. Bei zu heftigen Schmerzen sind zur Untersuchung häufig ein Maulkorb oder sogar eine Narkose unerlässlich.

Wenn weitere Symptome vorliegen, wie Blutungen aus dem After oder auch massive Veränderungen der Verdauung, Nervenzucken oder Schwellungen, sollte man eine Ultraschalluntersuchung durchführen, denn dabei könnte es sich auch um ein Analbeutelkarzinom handeln.

Diagnostik

Nach Beobachtung des Halters sollte ein Check beim Therapeuten durchgeführt werden.

Futter

Mit dem Therapeuten besprechen, ob eine Umstellung nötig ist, um zum Beispiel die Konsistenz des Kotes zu verändern.

Nahrungsergänzungsmittel

Bei zu hartem Kot sollte man Darmperistaltik fördernde Kräuter einsetzen. Leinsamen kann hier helfen.

Medikamente
Silicea wird zur Stärkung des Bindegewebes verwendet.

Augenerkrankungen

Das Sehvermögen ist bei alten Hunden oft recht unterschiedlich. Das heißt, dass der Hund mal sehr gut sehen kann, an anderen Tagen kann das Sehvermögen aber eingeschränkt sein. Mal reagiert er zum Beispiel bei Blitz und Licht, mal ist gar keine Reaktion darauf vorhanden. Diese Unterschiede fallen auch häufig in den Bereich der Demenz.
Der Graue Star (Katarakt) gehört zu den typischen Alterserscheinungen beim Hund. Auch trockene und entzündliche Augen durch mangelnde Tränenflüssigkeit können bei Hundesenioren auftreten.

Ob der Hund noch etwas sieht, kann man einfach testen, indem man einen Wattebausch vor dem Kopf des Hundes herunterfliegen lässt und beobachtet, ob er danach schnappen will. Will er spielen oder denkt er, dass es ein Leckerli ist? Kann der Hund noch gut sehen, reagiert er darauf und will danach schnappen. Kommt keine Reaktion, kann man davon ausgehen, dass die Sehleistung des Hundes sehr stark nachgelassen hat und eventuell sogar überhaupt nicht mehr vorhanden ist.
Auch mit dem Taschenlampentest kann man selbst ganz einfach feststellen, ob der Hund noch etwas sieht oder sein Augenlicht schon verloren hat. Hierfür nimmt man eine Taschenlampe (ohne Laserlight!) und zeigt damit auf den Boden vor dem Hund. Dann wechselt man schnell die Position des Lichtstrahls und beobachtet den Hund dabei, ob er diesem folgt. Tut er dies, ist noch eine gewisse

Die Linsentrübung ist deutlich zu erkennen.

Sehleistung vorhanden. Reagiert er überhaupt nicht darauf, sind seine visuellen Fähigkeiten vermutlich schon so gut wie vollständig verloren gegangen.
Wie man im Alltag mit einem Hund umgeht, der seine Sehkraft eingebüßt hat, wurde schon auf Seite 29f. beschrieben.

Unter dem Pupillenreflex versteht man die reflektorische Anpassung der Pupillenweite an unterschiedliche Lichtverhältnisse. Das heißt, die Pupille reagiert vor allem auf Helligkeit, kann aber auch aufgrund der Stimmung sehr eng oder sehr weit gestellt sein. Wenn bei einem Hund altersbedingt die Sehkraft nachlässt oder der Sehnerv geschädigt ist, kann dieser Reflex auch verloren gehen, entweder nur bei einem oder bei beiden Augen.
Man kann hier mit der Taschenlampe, mit der man sehr vorsichtig einmal in jedes Auge leuchtet, testen, ob der Pupillenreflex noch funktioniert. Sollte eine Schädigung vorliegen, ist dies aber nicht heilbar oder rückgängig zu machen.

Ebenso kann es vorkommen, dass der Lidschlussreflex bei einem alten Hund nicht mehr funktioniert. Er dient dazu, das Auge vor Umwelteinflüssen und mechanischen Reizen zu schützen. Um den Lidschlussreflex zu testen, setzen Sie sich neben den Hund und schnipsen Sie vorsichtig mit Daumen und Zeigefinger etwa einen Zentimeter vor seinen Augen.
Reagiert der Hund, indem er das Auge zukneift, ist dieser Reflex intakt. Wird der Reflex nicht mehr ausgelöst, kann der Grund dafür eine sogenannte Fazialisparese, das ist eine halbseitige Gesichtslähmung, sein. Ob es sich wirklich darum handelt, kann nur vom Tierarzt festgestellt werden.
Ist es der Fall, sollte man das betroffene Auge feucht halten und regelmäßig Augentropfen geben. Zur Behandlung werden Cortison, Vitamin B und verschiedene Homöopathika verwendet. Weitere Tests, ob noch Sehkraft vorhanden ist, kann der Tierheilpraktiker oder Tierarzt durchführen.

Diagnostik
Beobachtungen und Besuch eines Fachtierarztes für Augenheilkunde.

Futter
Heidelbeeren enthalten große Mengen Rhodopsin (Vitamin A), welches das Sehvermögen steigern kann. Sie können im Ganzen in kleinen Mengen ins Futter gegeben werden.

Nahrungsergänzungsmittel
Keine Empfehlung.

Medikamente
Euphrasia Augentropfen, Rose Augentropfen, Heidelbeeren als Kapseln.
Conisan® B bei entzündlichen Prozessen des Auges.
Conisan® A beim Grauen Star.

Diabetes mellitus

Ein großes Problem im Alter stellt häufig Diabetes dar. Bei vielen Hunden ist dies leider ein hausgemachtes Problem durch die Ernährung verursacht. Die Halter haben hierbei oft keine Schuld, da ihnen von Anfang an suggeriert wird, dass teures Trockenfutter, vielfach auch noch vom Tierarzt angeboten, eine gesunde Ernährung darstellt. Aber gerade hier liegt das Problem: Getreidefütterung ist nicht artgerecht. Und das rächt sich meistens.

Kein Hund in freier Wildbahn, kein Wolf, kein Wildhund würde ein Getreidefeld plündern, wenn er hungrig ist. Sie fressen nun mal zu 90 % Fleisch und Beutetiere im Ganzen. Getreide, also Weizen, Mais und Soja, sollten nur als Zusatz im Futter vorkommen und nicht den Hauptbestandteil darstellen, wie es bei vielen Fertigfuttermitteln der Fall ist.

Hierbei ist das größte Problem die Stärke. Der Stärkebedarf von Hunden ist gering und für solche Mengen an Stärke ist die Bauchspeicheldrüse des Hundes nicht ausgerichtet. Sie rebelliert und wenn nichts geändert wird, stellt sie ihre Funktion ein. Daraus resultiert unter anderem ein Diabetes. Stärke wird im Organismus als Zucker verstoffwechselt und mit dieser Menge ist der Hundeorganismus dann überfordert. Und wenn ein Hund ein Leben lang mit stärkehaltigem Getreidefutter gefüttert wird, gibt es auf die Dauer einen Zusammenbruch der endokrinen Funktion der Bauchspeicheldrüse und wir haben es mit einem „Altersdiabetes“ zu tun.

Jahrelang versucht sich die Bauchspeicheldrüse noch an die veränderten Gegebenheiten anzupassen. Irgendwann ist sie allerdings erschöpft und kann nicht mehr. Dann spricht man von einer „Insuffizienz“. Haben wir einen alten Hund mit so einer Schwäche bei uns zu Hause, erfordert das eine Auseinandersetzung mit der Krankheit.
Achten Sie selbst auf folgende Symptome:
Trinkt ihr Hund vermehrt? Hat er vermehrten Urinabsatz? Riecht er nach Aceton (Nagellackentferner)? Das sind häufig Anzeichen für Diabetes.

DAS PANKREAS

Die Bauchspeicheldrüse hat eine endokrine und eine exokrine Funktion. Die endokrine Funktion ist für die Hormonproduktion des Insulins zuständig, die exokrine für die Verdauung und den späteren Kot. Beide zusammen sorgen dafür, dass sowohl die Hormonproduktion als auch die Verdauung im Lot bleiben. Eine Pankreasinsuffizienz kann also beide Formen der Organaufgabe der Bauchspeicheldrüse betreffen.

Beim leichten Krankheitsverlauf reicht eine Nahrungsumstellung, falls konventionelles Industriefutter mit Zucker und Stärke (die sich auch in Zucker umwandelt) gefüttert wurde.
Für den Anfangs-Diabetes gibt es Tabletten, später Spritzen. Hier wird mit Insulin substituiert, das bedeutet, dass das Tier auf Fremdinsulin eingestellt wird. Die eigene Bauchspeicheldrüse kann dann nicht mehr genügend Insulin herstellen und stellt später sogar ihre Funktion ganz ein. Ein Tierarzt wird nach dem Bluttest Ihren Hund auf die individuell passende Insulin-Dosis einstellen. Dieses Insulin wird meist aus der Bauchspeicheldrüse des Schweins gewonnen. Weitere Bluttests sind dann immer wieder zur Kontrolle nötig. Einige Halter lassen sich darin einweisen und können die Tests dann selbst durchführen. Die Dosis oder eine Änderung derer sollte aber weiterhin mit dem Tierarzt besprochen werden.
Eine Einweisung des subkutanen Injizierens (= unter die Haut spritzen) erfolgt dann auch meist vor Ort in der Praxis. Dem müssen sich die Besitzer von an Diabetes erkrankten Hunden stellen, denn in manchen Fällen muss die Injektion dreimal täglich erfolgen und man kann dem Hund nicht so oft den Stress zumuten, ihn zu einer Praxis zu bringen.
Bei Unterzuckerung kann der Hund in eine Phase geraten, die, wenn sie nicht sofort behandelt wird, zu einem Diabetes-Koma führt.

Diagnostik
Beobachtungen, Bluttest.

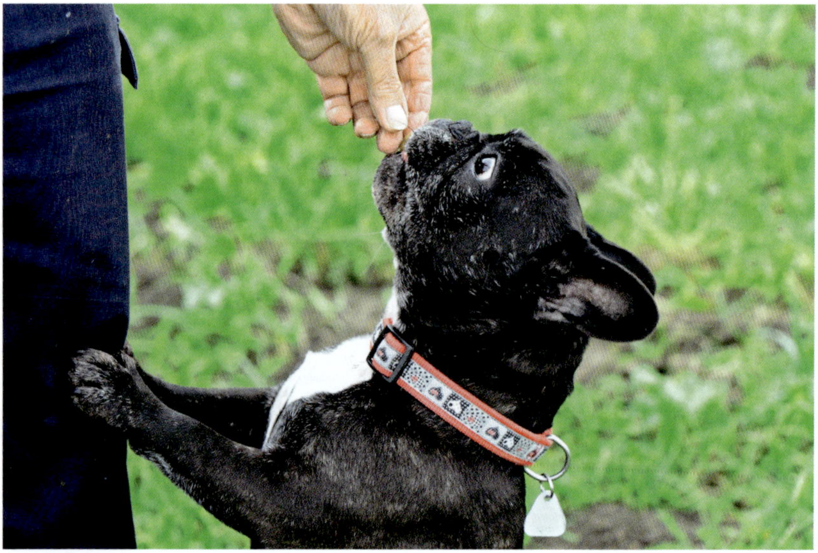

Falls der Hund an Diabetes erkrankt, muss man auf die richtige Ernährung – auch bei den Leckerlis – achten.

Futter

Wichtig ist jetzt, dass der Halter das aktuell verwendete Futter und die Leckerlis auf Zuckerzusätze hin überprüft. Auch Glukose, Fruktose oder Mono-Saccharide sind Zucker. Vor allem Leckerlis können davon viel enthalten. Diese sollte man dann komplett vom Speiseplan streichen und auch nicht erst zu Ende füttern, sondern sofort weglassen.
Nun sollte man nicht den Fehler machen, sich auf weitere sogenannte Diät-Futter einzulassen. Achten Sie mal auf die Inhaltsstoffe dort: Sie werden kaum Veränderungen zum bekannten alten Trockenfutter finden, aber eine Fettreduktion ist hier meistens gegeben. Von einigen engagierten Futterherstellern gibt es passendes Nassfutter. Ansonsten lassen Sie sich einen Plan von Ihrem Therapeuten zusammenstellen, in dem dann steht, was geändert werden sollte und nun zu füttern ist. Auf alle Fälle sollte hochwertiges Eiweiß darin enthalten sein.
Auch Bestandteile wie Reis, Nudeln, Kartoffel oder Haferflocken sollten weitestgehend reduziert werden, da man es hier mit einer Stärkequelle zu tun hat, die im Körper wiederum zu Zucker umgewandelt wird und somit den Glukosespiegel in die Höhe treibt. Trotzdem muss das Futter schnell aufschließbare Energien freisetzen können. Sehr gut geeignet sind hier Lamm, Kaninchen, Ente, Kürbis und Hirse.
Bei einem Diabetes mit Insulin-Injektionen empfiehlt es sich, das Futter auf mehrere kleine Mahlzeiten aufzuteilen. Ganz wichtig ist auch, dass der Hund nie hungern muss. Er gleitet sonst in eine Unterzuckerungs-Phase. Dies ist ein Notfall und der Hund muss dann schnellstmöglich für die nötigen Infusionen zu einem Tierarzt gebracht werden.

Nahrungsergänzungsmittel

Wenn die Hunde durch Diabetes schlapp sind, empfiehlt sich eine aufbauende Nahrungsergänzung wie zum Beispiel mit L-Carnitin
Essenzielle Fettsäuren aus kalt gepressten Ölen wie Lachs-Öl oder Lachs-Hanf-Öl sollten dem Futter zugesetzt werden.

Medikamente

Eichhornia D2 als Globuli unterstützt homöopathisch die Bauchspeicheldrüsenfunktion und kann auch eventuelle Schmerzen nehmen.
DB Entoxin Tropfen unterstützen die Bauchspeicheldrüse durch eine spezielle Pflanzenmischung.
Insulin wird injiziert (siehe oben).

Epilepsie

Epilepsie ist eine Krampferkrankung, die sich in einen kleinen Anfall (petit Mal) und großen Anfall (grand Mal) einteilen lässt. Nicht jeder Krampf ist auch gleich eine Epilepsie, auch wenn viele es so bezeichnen. Neurologisch gibt es hierbei diverse Unterschiede.

Ein Beispiel: Der Hund wacht eines Morgens auf der Couch auf, fällt runter, dreht sich und fällt wieder um. Er kommt dann nicht mehr auf die Beine und kreist später weiter. Kaum auf den Beinen, fällt er wieder um und krampft. Was liegt nun vor? Ein Vestibulärsyndrom oder eine Epilepsie oder beides?
Bringen Sie Ihren Hund dann am besten sofort zu einem Facharzt, der die Diagnose stellen kann. Es kann beides zusammen vorkommen, aber es sind auch die Symptome einer Epilepsie oder eines andersartigen Krampfgeschehens. Häufig bekommt der Hund dann Infusionen und Beruhigungsmittel.
Bei der Diagnosestellung untersucht der Tierarzt das komplette Tier, schaut, ob sich eine Veränderung in den Augen nachweisen lässt, und wird eventuell auch eine Untersuchung im CT oder MRT vorschlagen, damit ein Hirntumor ausgeschlossen werden kann.

Diagnostik
Beobachtungen, Kontrolle durch den Tierarzt. Eventuell und wenn gewünscht gibt ein bildgebendes Verfahren Aufschluss.

Futter
Keine Empfehlung. Da bei Hunden mit einer stark ausgeprägten Epilepsie jedoch jederzeit (auch beim Fressen) Anfälle auftreten können, sollte man von allem Abstand nehmen, woran sich der Hund verschlucken kann. Dies sind zum Beispiel Trockenfutter und kleinere Knochen.

Nahrungsergänzungsmittel
Keine Empfehlung.

Medikamente
Bewährt haben sich Cocculus C30, Bufo, Hyoscyamus niger und Luminal (nur mit einem Rezept oder beim Tierarzt erhältlich!). Man muss bei Luminal und anderen rezeptpflichtigen Medikamenten beachten, dass man dann die Blutwerte öfter kontrollieren muss, um die genaue Einstellung des Mittels zu überwachen. Eine Kontrolle des Blutbildes sollte hier auch erfolgen.

Fellprobleme

Aufgrund dessen, dass sich der Stoffwechsel im Alter verändert, kann das Hundefell nun fettiger oder auch trockener sein. Man sollte jedoch auf das Fell genau achten, da bestimmte Krankheiten auch am Fell „ablesbar" sind. Ist das Fell struppig? Kann man es in die Gegenrichtung streichen und bleibt es da stehen? Riecht das Fell? Hat es einen normalen Hundegeruch oder riecht es nach nassem Hund, obwohl der Hund trocken ist? Riecht es vielleicht nach Urin?
Mit diesen einfachen Methoden, die der Halter durch seine eigenen Sinne wie Sehen, Riechen, Fühlen erforschen kann, kann der Therapeut auf die Spuren-

suche gehen. Es müssen nicht immer Krankheiten die Ursache für einen veränderten Fellzustand sein. Dies aber abzuklären, ist eine Beruhigung für alle Hundehalter.
Spezielle Labore bieten Fellanalysen an. Dort kann man bestimmen lassen, was im Speziellen hinter einer Symptomatik liegt, wenn der Bluttest nicht genügend Ergebnisse liefert.

Diagnostik
Beobachtungen, Bluttest, Fellanalyse.

Futter
Spezielles Futter gibt es auch für Hunde mit Fellproblemen. Nur ist es damit meistens nicht getan. Man sollte schon in Zusammenarbeit mit dem Therapeuten die Ursache herausfinden, damit die Wurzel des Übels bekämpft werden kann.

Nahrungsergänzungsmittel
Öle und Fette wie Lachsöl, Hanföl, Lachs-Hanf-Öl oder Nachtkerzenöl sind zu empfehlen, wobei man hier beachten sollte, dass diese kalt gepresst und von hochwertiger Qualität sind. Biotin, eine andere Bezeichnung für Vitamin H, sorgt für ein gesundes Fell.

Mit zunehmendem Alter kann sich auch das Fell ändern, was häufig Aufschluss über bestimmte Erkrankungen gibt.

Hämatome (Blutergüsse)

Da das Bindegewebe beim alten Hund auch schwächer wird, neigen einige unserer Vierbeiner zu vermehrter und schnellerer Bildung von Blutergüssen. Diese sind durch die dünnere Haut dann auch für den Halter viel leichter zu sehen.
Hunde brauchen hierbei nur noch an eine Treppenstufe zu stoßen und schon zeigt sich innerhalb weniger Minuten ein blauer Fleck.
Eine sanfte Behandlung sollte eingeleitet werden (siehe unter Medikamente). Diese kann jedoch schon mal 14 Tage dauern. Man sollte also nicht in Panik geraten, wenn der Bluterguss nicht so schnell verschwindet.

Diagnostik
Beobachtungen; wenn Medikamente nicht helfen oder sich das Hämatom sogar verschlimmert, sollte man einen Tierarzt konsultieren.

Futter
Keine Empfehlung.

Nahrungsergänzungsmittel
Keine Empfehlung.

An dem Fell und der Haut erkennt man häufig, ob der Hund krank ist – dieser hier ist völlig gesund.

Medikamente
Spenglersan® Kolloid A sollte man vorsichtig einreiben, da es die Mikrozirkulation positiv beeinflusst und den Bluterguss schneller schwinden lässt. Spenglersan® Kolloid G hilft gegen die Entzündung.
Ginkgo Meckel® Tropfen dienen zur Verbesserung der allgemeinen Durchblutung.

Hautprobleme

Die Haut insgesamt sowie das subkutane Gewebe (subkutan = unter der Haut) und das Bindewebe verlieren im Alter ihre Elastizität. Entzündungen und Parasitenbefall können dazukommen, sodass Juckreiz und Schwellungen entstehen. Gegen all diese Symptome sind in der Naturheilkunde gute Kräuter gewachsen.
Bei diesem Einsatzgebiet liegt die Naturheilkunde eindeutig vorne. Man kann diese Hautprobleme mit Salben, Globuli oder auch Tinkturen sehr gut behandeln – und das alles (fast) ohne Nebenwirkungen. Bei den Mitteln sollte man nur darauf achten, dass man sich selbst gut damit auskennt, welches Mittel wann verwendet wird, oder einen Therapeuten konsultieren, der sich auf dieses Gebiet speziali-

siert hat. Während eine Calendula-Salbe auch falsch angewandt keinen Schaden anrichten wird, kann es bei einem Mittel wie Mercurius eventuell beim Hund zu einer Arzneimittelreaktion wie zum Beispiel Speichelfluss kommen.

Hautprobleme im Alter sind sehr vielfältig. Sie können sich als Entzündung bemerkbar machen, als Juckreiz oder das Haar kann ausfallen. Bei Hautsymptomatiken ist es besonders sinnvoll, die Ursache zu erforschen. Alles, was wir auf die Haut tun, lindert dann wohl die Beschwerden, sie werden aber wieder auftreten. Nur wenn man die Ursache unter der Haut sucht, wird man zu einem langfristigen Ergebnis kommen und die Problematiken ausheilen können. Sollten die Ursachen von außen kommen, wie zum Beispiel Parasiten oder eine Kontaktallergie, ist das Problem natürlich von außen zu eliminieren.
Hautprobleme können allerdings auch durch Hormonstörungen auftreten wie eine Schilddrüsenerkrankung oder eine Funktionsstörung der Nebennierenrinde. Ob so eine Erkrankung vorliegt, kann man durch Bluttests bestimmen lassen.
Die Häufigkeit der Hauterkrankungen nimmt auch schon beim jungen Hund immer mehr zu, wobei es dafür sehr viele verschiedene Ursachen gibt.

LEITSATZ

Ein wichtiger Leitsatz in der TCM (Traditionellen Chinesischen Medizin) lautet:
Was der Darm nicht heilt – das heilt die Leber.
Was die Leber nicht heilt – das heilt die Niere.
Was die Niere nicht heilt – das heilt die Lunge.
Was die Lunge nicht heilt – das heilt die Haut.
Was die Haut nicht heilt – führt zum Tod.

„Der Tod sitzt im Darm." Deshalb haben die meisten Hauterkrankungen ihre Ursache nicht direkt an, auf oder unter der Haut. Ein gesunder Darm ist der Dreh- und Angelpunkt für ein gesundes Leben. Allein 70 % der Abwehrzellen des Immunsystems befinden sich im Darm.

Um die Ursache von Hautproblemen zu finden, ist eine intensive Anamnese (Krankheitsvorgeschichte) nötig. Auch die bereits gegebenen Medikamente sind sehr wichtig, damit der Therapeut forschen und helfen kann.
Viele Tierärzte und Tierheilpraktiker bieten diese Untersuchungen in Zusammenarbeit mit einem veterinärmedizinischen Labor an. Diese untersuchen dann Hautgeschabsel, Haare, Tesafilm-Präparate (sowohl für Hund als auch für Halter einfach, da hier tatsächlich ein Streifen Klebeband als Träger fungiert), Sekrete, Abstriche und Blut. Es wird auf Pilze, Bakterien, Parasiten, Allergien oder auch Hormonstörungen hin untersucht. Eine parallele Blutuntersuchung empfiehlt sich immer bei der Ursachenforschung.

Die typischen **Hautveränderungen** beim Hund sind Rötungen, Schuppen, Sekrete und Ohrinfektionen. Ja, auch diese gehören zu den Hauterkrankungen!
Der Juckreiz ist die schlimmste Problematik beim alten Hund. Egal, aus welchem Grund sich der Hund kratzt, die Histamine werden dadurch freigesetzt. Das bewirkt wiederum, dass der Juckreiz beim Kratzen zunimmt und die Stellen sich immer mehr entzünden. Sie können sogar bluten. Dadurch entsteht dann ein Teufelskreis, wenn man den Juckreiz und das folgende Kratzen nicht eliminiert. Der Dauerstress geht dann Hund und Halter an die Nerven.

Die Haut von alten Hunden ist entweder trockener, fettiger oder auch empfindlicher, als sie es noch beim jungen Hund war. Es gibt oft im Alter Veränderungen und man sollte regelmäßig vorsichtig abtasten. Kleine Erhebungen sind oft verstopfte **Talgdrüsen** oder **Lipome** (Fettgewebsgeschwulste). Gutartige Tumoren wachsen meist langsam und lassen sich gut unter der Haut verschieben. Natürlich können auch sie entarten und bösartig werden oder am Gelenk den Hund in der Bewegung schmerzen.

Liegeschwielen, auch als Druckstellen-Pyodermie bezeichnet, sind Verhornungen von Hautstellen vor allem an den Gelenken. Sie können bei Hunden jeden Alters auftreten, besonders bei großen und schweren Hunden im Bereich der Ellenbogen. Im Alter kommt dann allerdings das Problem hinzu, dass diese immer trockener werden, manchmal auch sehr rissig oder gar bluten. Bemerkt man das rechtzeitig, kann man durch Einreiben mit haushaltsüblichen Ölen dem entgegenwirken. Am besten helfen Olivenöl und Nachtkerzenöl. Ballenpflege aus dem Fachhandel oder auch Vaseline halten die Haut auch schön geschmeidig. Sind die Probleme aber schon weiter fortgeschritten, hilft am besten Calendula-Salbe.
Zu den Hautanhangsorganen zählen auch die Krallen. Sie können durch Krankheiten oder altersbedingt brüchig werden. Warzen/Papillome können auch entstehen; mehr dazu im entsprechenden Kapitel.

Diagnostik
Beobachtungen, Bluttest, Hautgeschabsel, Tesafilm-Präparat.

Futter
Bei hochwertigem Futter muss man auf nichts besonders achten. Falls Industriefutter gefüttert wird, sollte dieses geprüft und eventuell sogar komplett weggelassen werden. Bestimmte Inhaltsstoffe in diesen Futtermitteln enthalten Substanzen, die den Hund noch kränker machen. Achten Sie zum Beispiel beim Kauf darauf, dass keine E-Nummern bei den Inhaltsstoffen aufgeführt sind.

Nahrungsergänzungsmittel
Biotin, Lachs-Hanföl und andere kalt gepresste Öle stärken das Immunsystem und nehmen den Juckreiz. Hier sollte man auf biologische Produkte aus dem Umland achten.

Zeichen für eine Herzinsuffizienz sind schnelles Ermüden und Atemprobleme.

Medikamente

Je nach Erkrankung wird der Therapeut ein passendes Mittel verschreiben. Homöopathische Hautmittel sind zum Beispiel Graphites, Calendula, Silicea, Causticum, Mercurius und Apis. Urtica, also die Brennnessel, kann auch sehr wirksam sein.

Herzerkrankungen

Herzinsuffizienz, also Herzschwäche, ist bei vielen Hunden eine Alterserscheinung. Schnelle Ermüdung, Atemprobleme und Husten können Hinweise auf eine Herzerkrankung sein. Mattigkeit und Apathie treten meist erst im fortgeschrittenem Stadium auf.

Ob aber ein Hund nur eine altersbedingte Herzschwäche hat oder eine echte Herzerkrankung, kann der Tierarzt oder Tierheilpraktiker klären. Dieser hört das Tier ab und stellt fest, ob eine Schädigung vorliegt. Herzkrankheiten zeigen sich dadurch, dass ein Hund seine Fitness verliert. Er ist schnell „außer Puste", kommt nicht gut die Treppen hoch oder hustet. Sollte ein Hund nur husten, ist abzuklären, worum es sich handelt. Hier können mehrere Diagnosen zutreffen: Lungenproblematik, Herzerkrankung oder auch ein Virus.

Gibt es mehr Beschwerden oder treten viele Symptome auf einmal auf, sollte man einen Fachtierarzt für Kardiologie konsultieren, der das Tier dann wie beim auch Menschen mit EKG, Herzultraschall und Blutdruckmessung durchcheckt.

KALTE PFOTEN

Mit den Herz-Kreislauf-Problemen im Alter treten auch häufig die sogenannten „Eisfüßchen“ auf: Die Pfoten des Hundes sind dann nicht so gut durchblutet und fühlen sich kalt an. Man kann die Durchblutung aber anregen, indem man die Pfoten leicht massiert.

Diagnostik
Beobachtungen, Bluttest, Herzultraschall, Röntgen, EKG, Blutdruckmessung, Vorstellen beim Fach-Tierarzt für Kardiologie.

Futter
Bei BARF, frisch gekochtem Futter oder bei gutem, hochwertigem Nassfutter muss man auf nichts weiter achten und auch keine Umstellung vornehmen.

Nahrungsergänzungsmittel
Weißdorn und andere „Herzkräuter“ wie Herzgespannkraut oder Ginseng haben sich hier bewährt.

Medikamente
Crataegus (Weißdorn), Cactus, Strophantus, Convallaria, Glonoinum (besonders bei Bluthochdruck), ACE-Hemmer.

Inkontinenz

Nach Kastrationen, im Alter oder bei bestimmten Erkrankungen kann eine Harn- oder in einigen Fällen sogar eine Kotinkontinenz auftreten. Hier ist es meist leicht, die Ursache zu finden. Tritt die Inkontinenz bald nach der Kastration auf – bei Hündinnen –, ist die Operation die Ursache. Aber auch Harnwegsinfektionen, Niereninsuffizienz, Diabetes oder Demenz können hier der Grund für die Harnblasenschwäche sein.

Im Alter kann die Blase (Harnblase), da sie ein muskuläres Hohlorgan ist, auch an Elastizität verlieren und somit zum Harntröpfeln führen. Wenn das Harntröpfeln durch eine andere Erkrankung ausgelöst wird, stellen sich dann gewöhnlich auch weitere Symptome ein, wodurch eine Recherche nach der Ursache erleichtert wird. Man braucht aber keine Angst zu haben, denn in der Praxis kommt es viel seltener vor, als man denkt, dass ein Hund an Inkontinenz leidet. Und auch dann kann man mit Naturheilkunde – hier mit gezielter Homöopathie – sehr gut arbeiten und das Leiden lindern oder ganz abstellen. Sollten alle Versuche aber nicht gelingen, bleibt die Möglichkeit, Windeln zu verwenden. Es gibt bereits spezielle Inkonti-

Ein Garten ist sehr hilfreich, damit sich der Hund schnell mal draußen lösen kann.

nenzwindeln für Hunde auf dem Markt. Der Pflegeaufwand wird dann zwar etwas mehr, aber wenn sich die Hunde gut damit abfinden, wird es meist keine Schwierigkeiten geben. Vermehrte Gassi-Gänge und ein Garten sind natürlich ideal.

Diagnostik
Beobachtungen, Bluttest, Harntest.

Futter
Keine Empfehlung.

Nahrungsergänzungsmittel
Nahrungsergänzungsmittel, die Kürbiskerne bzw. Kürbiskernöl enthalten, können hier zur Stärkung und Kräftigung der Blasenfunktion beitragen.

Medikamente
Mittel der Wahl in der Homöopathie ist Causticum. Das heißt aber nicht, dass es auch bei allen Hunden gleich gut wirkt. Hier ist wieder die Zusammenarbeit mit dem Therapeuten wichtig, damit man das passende Mittel findet.
Schüßler-Salze wie zum Beispiel Kalium phosphoricum sowie in der Phytotherapie Goldrutenkraut haben sich auch bewährt.
Bei speziellen Erkrankungen sollten Sie die passenden Mittel wählen.

Krebs und Tumoren

Bei der Thematik „Tumoren“ sollte man erst einmal wissen, dass nicht alle Tumoren auch bösartig sind. Dies wird vielfach verwechselt. Es treten vielmehr meist gutartige Geschwulste auf wie zum Beispiel Lipome, die gutartigen Fettgewebsgeschwulste.

Leider sind aber auch unsere Vierbeiner nicht davor geschützt, an Krebs zu erkranken. Im Alter sind häufig zu finden Haut-, Maul- und Rachentumoren sowie Leber- und Milztumoren. Seltener sind Herz- und Lungentumoren. Aber auch Gesäugetumoren und Knochentumoren kommen vor.

Verschiedene Organerkrankungen sind dem Hund nicht anzusehen, sondern nur durch spezielle Untersuchungen festzustellen.

Schaut man sich jedoch einmal Erfahrungsberichte an, sind Gesäugetumoren längst nicht so vermehrt und mit hoher Sterblichkeit verbunden, wie viele dem Halter einer Hündin weismachen wollen.

Bei vielen bösartigen Tumoren ist eine operative Entfernung möglich. Ob der alte Hund jedoch narkosestabil ist, muss hier der Halter mit dem Tierarzt seines Vertrauens entscheiden. Chemotherapien gibt es mittlerweile auch für den Hund. Es sollte jedoch abgewogen werden, ob die Behandlung wirklich sinnvoll ist und die Lebensqualität des Hundes nicht nur beeinträchtigt wird.

Diagnostik

Beobachtungen, Bluttests, Ultraschall, Röntgen, Biopsie, Operation.

Futter

Energiereiches Futter zum Beispiel mit Muskelfleisch ist zu empfehlen, da betroffene Hunde zur Gewichtsabnahme neigen.

Nahrungsergänzungsmittel

Produkte, die auch für die Rekonvaleszenz infrage kommen, sind hier zusätzlich angebracht. Diese sind L-Carnitin, Ginseng, B-Vitamine, die Chlorella-Alge und Leinöl.

Medikamente
Naturtherapien im Bereich Onkologie gibt es sehr viele und sehr effektive. Sprechen Sie hier Ihren Therapeuten auf die erfolgversprechendsten Therapien an: Misteltherapie, Schlangen-Reintoxin-Therapie, Immunmodulationstherapie oder vitOrgan-Therapie.
Gegen Tumorschmerzen kann man Spenglersan® Kolloid Om einreiben und Harnsäuretropfen oral verabreichen.

Lebererkrankungen

Da die Leber das Hauptstoffwechselorgan ist, sind ihre Aufgaben der Aufbau, die Umwandlung und Speicherung von Nährstoffen wie Proteinen, Kohlenhydraten und Fetten und der Abbau von Giftstoffen und Abfallprodukten. Sie reguliert das Immunsystem und den Hormonhaushalt. Die Leber hat somit einen großen Einfluss auf viele wichtige Körperfunktionen. Eine Erkrankung wirkt sich auf den gesamten Organismus des Hundes negativ aus.

Eine Lebersymptomatik kann, muss aber einem Halter nicht sofort auffallen. Erst mit sehr schlechten Leberwerten wird der Hund schlapper und fällt sogar in einen lethargischen Zustand. Bei massiv schlechten Blutwerten kann der Halter dann eine gelbe Iris im Auge erkennen. Nahrungsverweigerung kann auch auf Leberprobleme hinweisen.
Viren, Bakterien, Gene oder auch eine erworbene Erkrankung durch falsches Futter und sogar Alkoholabusus durch den Halter können als Ursache genannt werden. Eine Fettleber kann man als Halter nicht sehen, als Tierarzt/Tierheilpraktiker aber ertasten.

Diagnostik
Beobachtungen, Bluttests, Ultraschall, Röntgen.

Futter
Eine weniger proteinreiche Nahrung, wie zum Beispiel Kaninchen, Lamm, Huhn, Hirse oder Kürbis, wirkt sich positiv aus.

Nahrungsergänzungsmittel
Chlorella-Alge, L-Carnitin und Lachsöl sind geeignet.

Medikamente
Silimarin, also Mariendistel, findet hier ihren Einsatz. Aber auch die homöopathischen Lebermittel Haronga und Flor de piedra kann man wählen. Entgiftungen sind angezeigt, wenn Leber, Niere und das Bindegewebe verschlackt sind. Entgiftungen sollte man aber nur mit Unterstützung eines Therapeuten durchführen, da hier individuelle Beratungen im Vorfeld nötig sind.

Neurologische Erkrankungen

Keine Sorge, die neurologischen Erkrankungen sind die Erkrankungen, die im Alter am wenigsten auftauchen. Hat ein Hund bereits eine neurologische Erkrankung, ist es allerdings wahrscheinlich, dass sich diese verschlimmern wird.

Die häufigsten neurologischen Erkrankungen beim Hund sind:

- Ataxie (Koordinationsstörung)
- Cauda-Equina-Syndrom (Zusammendrücken von Nervenwurzeln)
- Enzephalitis (Gehirnhautentzündung)
- Epilepsie (siehe dort)
- Fazialisparese (Gesichtslähmung)
- Gehirnschlag
- Hirntrauma
- Radialis-Lähmung (Nervenlähmung)
- Schlaganfall
- Spondylose

Der Halter kann entweder ein Torkeln, Taumeln oder auch Humpeln beobachten. Die Hunde haben meist Schmerzen und ein gestörtes Allgemeinbefinden.

Extremer Durst kann ein Zeichen für Niereninsuffizienz sein.

Diagnostik
Beobachtungen, spezielle Tests vom Therapeuten oder Tierarzt.

Futter
Keine Empfehlung, sollten jedoch Kau- und/oder Schluckbeschwerden auftreten, muss die Nahrung so zubereitet werden, dass der Hund sich nicht verschlucken kann.

Nahrungsergänzungsmittel
Je nachdem, was für eine neurologische Erkrankung vorliegt, sollte dann ein passendes Mittel in Zusammenarbeit mit einem Therapeuten gewählt werden.
Weitere mögliche Behandlungen und Therapien hängen von der Art der neurologischen Erkrankung ab und können recht vielfältig sein. Sie müssen mit dem Tierarzt oder Therapeuten abgeklärt werden.

Niereninsuffizienz

Bei einer Niereninsuffizienz handelt es sich um eine erworbene oder ererbte Nierenschwäche. Ist dem Halter aufgefallen, dass der Hund vermehrt trinkt und/oder auch vermehrt Urin absetzt? Riecht das Fell nach Urin? Ist der Allgemeinzustand verändert? Dann kann es sich um eine Nierenschwäche handeln.
Entdeckt man diese Symptome nicht oder zu spät, kann man mittels Bluttest feststellen, wie weit die Niereninsuffizienz bereits fortgeschritten ist. Sieht man es im Bluttest, sind mindestens schon 30 % der Niere geschädigt. Dann ist schnelles Handeln erforderlich, um die Nierenschädigung zu stoppen und dem Hund eine gute Lebensqualität zu ermöglichen.

Bei der Niereninsuffizienz gibt es verschiedene Phasen und auch die Konstitution des Hundes kann nun tagesformabhängig sein. In der Endphase kommt es zum kompletten Nierenversagen. Der Hund fällt dann ins Nierenkoma und stirbt.

Diagnostik
Beobachtungen, Bluttests, Urintest.

Futter
Futter mit einem niedrigen Proteingehalt, das aber sehr hoch verdaulich ist, wie zum Beispiel Lamm und Huhn, entlastet Niere und Leber. Der Phosphor- und Natriumgehalt sollte gering sind. Außerdem muss das Futter gut vom Körper aufgeschlossen werden können. Ein hoher Anteil von Omega-3-Fettsäuren ist anzustreben.

Nahrungsergänzungsmittel
Omega-3-Fettsäuren, L-Carnitin und Lachsöl haben sich bewährt.

Medikamente
Zur Unterstützung der Niere können homöopathische Mittel verwendet werden. Die vitOrgan-Therapie nach dem Prinzip „Niere heilt Niere" hilft, die Nierenzellen wieder aufzubauen.

Ohrenerkrankungen

Ohrenentzündungen kommen bei Hunden, egal welchen Alters, vor. Sollten beim alten Hund Ohrenentzündungen auftreten und mindestens eine weitere Krankheit vorliegen, kann es dem Senior durch die Zusatzerkrankung sehr schlecht gehen. Wie erkennen wir als Halter, dass ein Hund unter einer Ohrenentzündung leidet und dadurch eventuell auch Schmerzen hat?
Der Hund leidet unter Juckreiz und kratzt vermehrt am Ohr. Ganz prägnant ist hier auch die Kopfschiefhaltung. Das Ohr fühlt sich wärmer an als der Rest des Körpers. Im späteren Stadium kommen auch Ausfluss und Schütteln dazu. Sicher hat ein Hund dann auch Schmerzen. Denken Sie einmal selbst daran, wie schmerzhaft eine Mittelohrentzündung ist.

Die heftige Entzündung und das Schütteln können eine Zusatzproblematik auslösen: ein **Othämatom**. Das ist ein Bluterguss am Hundeohr. Es kann richtig dick und prall gefüllt werden. Und wenn der Hund sich heftig schüttelt und mit dem Ohr irgendwo anstößt, kann das Hämatom sogar platzen.
Hier sollte man beim Entdecken schnell handeln und den Tierarzt konsultieren. Er wird das Ohr punktieren und den Erguss herauslaufen lassen. In schlimmen Fällen muss der Hund kurz in Narkose, das Ohr gesäubert oder gespült werden und eine Dauerverweilkanüle wird implantiert. Keine Sorge, diese ist aus Plastik und flexibel. Aus dieser können dann das Blut und das Sekret, das bei einer Entzündung entsteht, herauslaufen. Das kann bis zu zwei Wochen dauern. Wenn nichts mehr abläuft, entscheidet der Tierarzt, ob er die Kanüle zieht.

Diagnostik
Beobachtungen, Tierarzt.

Futter
Keine Empfehlung.

Nahrungsergänzungsmittel
Keine Empfehlung.

Medikamente
Bei akuten Erkrankungen gibt man von Graphites D4 3-mal täglich 5 Globuli. Bei chronischen Leiden gibt man von Graphites C30 einmal die Woche 5 Globuli. Euphorbium vet.® einmal täglich 1 ml vorsichtig ins Ohr einlaufen lassen.

Spenglersan® Kolloid G: 25 Sprühschübe auf einen fusselfreien Watte-Pad (Make-Up Pad) geben und diesen vorsichtig ins Ohr einbringen.
Antibiotika- oder Cortison-Lösungen.

Orthopädische Erkrankungen

Die Erkrankungen des Bewegungsapparates können mannigfaltig sein: **Verschleißerscheinungen, Hüftgelenk- und Ellenbogengelenkdysplasie, Spondylose** (eine schmerzhafte Entzündung der Wirbelsäulengelenke) oder **Diskopathien** (Bandscheibenvorfälle). Bei großen Hunden, die schon vorher Gelenkprobleme der Hüfte oder der Ellenbogen hatten, nehmen die Beschwerden dann durch die Instabilität im Alter noch zu.

Eine der häufigsten orthopädischen Erkrankungen ist jedoch die **Altersarthrose**. Auch Entzündungen der Gelenke betreffen viele alte Hunde. Seltener ist die **Myopathie**, eine degenerative Muskelerkrankung, die zur Lähmung und später sogar zum Tod des Hundes führen kann.
Für die meisten Erkrankungen des Bewegungsapparates gilt aber: Bei rechtzeitiger Erkennung kann die Krankheit oft aufgehalten oder zur Stagnation gebracht werden. Besonders bei einer Hüftgelenkdysplasie kann die Physiotherapie eine Operation vermeiden helfen oder nach dieser den Hund wieder auf die Vier-Pfoten bringen.

Diagnostik

Beobachtungen, Check bei einem Tierarzt oder Tierheilpraktiker, der eine Zusatzqualifikation für Physiotherapie aufweist.

Futter

Auch hier spielt das Futter eine große Rolle. Konventionelle Futtermittel können der Arthrose durch schädliche Zusatzstoffe zuträglich sein. Fragen Sie hier einen Therapeuten, der auch eine Ernährungsberatung anbietet. Er wird mit Ihnen die Inhaltsstoffe von A bis Z durchgehen und Sie aufklären.

Nahrungsergänzungsmittel

Präparate mit Ackerschachtelhalm, Kieselsäure (Silicea) und Teufelskralle stärken die Gelenke und das Bindegewebe. Arnika, Brennnessel und Kamille sind auch geeignet ebenso wie Chondroitinsulfat, Methylsulfonylmethan (MSM), Glucosamin und Hyaluronsäure, Chlorella-Algen, Leinöl, Lachs-Hanf-Öl und Nachtkerzenöl.

Medikamente

Berberis, Beinwell, Calcium carbonicum Hahnemanni D6, Calcium phosphoricum D6, Symphytum D6 haben sich in der Naturheilkunde bewährt.
NSAR (= Nichtsteroidales Antirheumatikum), Cortison.

Erkrankungen des Bewegungsapparates, vor allem Arthrose, treten bei alten Hunden häufig auf.

Papillome (Warzen)

Als Papillome werden gutartige Tumoren an Haut und Schleimhäuten bezeichnet; sie sind gleichzusetzen mit Warzen. Bei Hunden gibt es die sogenannte **Canine Papillomatose**, die durch ein Virus verursacht wird. Manche Hunde neigen ihr Leben lang, andere erst im Alter zu Papillomatose. Im Normalfall machen diese Warzen keine Probleme und müssen auch nicht behandelt werden. Haben Junghunde diese Warzen, wird nach überstandener Erkrankung meist ihr Immunsystem so gestärkt, dass sie nicht noch einmal auftreten. Das ist jedoch keine Garantie.

Es gibt aber auch noch andere Formen von Warzen; die meisten sind harmlos und stören nicht. Alte Hunde bekommen die Papillome oder auch **Alterswarzen** vor allem an den Lefzen, am Auge oder am Ohr. Einige Warzen werden größer und bluten auch.

Sollten Papillome jedoch stark vermehrt im Maulbereich vorkommen und immer wieder beim Fressen bluten oder auch im Auge stören und das Auge dann mit Blut verkleben oder weitere Entzündungen hervorrufen, sollten sie behandelt werden.

Diagnostik

Beobachtungen, Hautgeschabsel, Operation.

Futter

Keine Empfehlung.

Nahrungsergänzungsmittel

Keine Empfehlung.

Medikamente

Hier empfiehlt es sich, auf homöopathische Mittel zurückzugreifen. Diese haben sich bei der Warzen-Problematik sehr gut bewährt. Als ein Beispiel sei hier Thuja genannt. Thuja wird in Form von Globuli verwendet. Äußerlich werden die Warzen dann mit Spenglersan® Kolloid G behandelt. Es wird mehrmals täglich vorsichtig aufgesprüht. Schon am nächsten Tag sieht die Warze meist viel besser aus und die Blutung ist gestoppt. Wieder einen Tag später ist sie fast verschwunden.

Parasiten

Auch und gerade alte Hunde sind leider nicht davor gefeit, von Parasiten befallen zu werden, und zwar sowohl von Endo- als auch Ektoparasiten. Endoparasiten befinden sich im Innern des Körpers, Ektoparasiten befallen den Körper außen.

Zu den Endoparasiten gehören verschiedene Wurmarten wie Rund-, Band-, Haken-, Lungen- oder Herzwürmer sowie bestimmte Einzeller wie Giardien. Zu den Ektoparasiten zählen unter anderem Flöhe, Milben und Zecken.

Nach einem Spaziergang in der freien Natur sollte der Hund immer auf Parasiten wie Zecken hin untersucht werden.

Bei einem Befall mit Ektoparasiten stellt sich meistens ein Juckreiz ein. Ein typisches mit dem Kopf „nach hinten schießen" und sich beißen ist beim Hund häufig das Anzeichen für einen Flohbefall. Wenn der Hund an einer Flohspeichel-Allergie leidet, ist eine zusätzliche Allergie-Behandlung dringend notwendig.

Ob ein Wurmbefall vorliegt, kann der Halter meist nicht mit dem bloßen Auge erkennen. Hier empfiehlt es sich, eine Kotprobe untersuchen zu lassen. Bei einem starken Wurmbefall kann sich unter Umständen der Bauch auch aufblähen. Ein Zeichen dafür kann auch sein, dass der Hund Hunger hat und viel frisst, aber nicht zunimmt. Die Würmer entziehen ihm dann einen Teil der Nährstoffe.

RICHTIG WASCHEN

Hundedecken und Handtücher sollten bei 60 °C gewaschen werden, um eventuell vorhandene Parasiten abzutöten. Um Energie zu sparen, kann man aber darauf achten, dass die Trommel voll ist und ein hoher Schleudergang eingestellt ist. Dann trocknen die Sachen ziemlich schnell und man muss keinen Trockner verwenden. Kann man die Sachen nur bei niedrigen Temperaturen waschen, sollte man einen Hygienespüler verwenden, da dieser die Parasiten abtötet.

Bei Zecken sollte man darauf achten, dass man sie schnell entfernt, damit sich die Einstichstelle nicht entzündet. Außerdem ist das Risiko einer Infektionskrankheit wie zum Beispiel Borreliose umso geringer, je früher man die Zecke entfernt.

Diagnostik
Beobachtungen, Bluttests, Fellanalyse, Kottest.

Futter
Keine Empfehlung.

Nahrungsergänzungsmittel
Kokosöl innerlich angewendet kann für das Herausschleusen von Würmern sowie deren Eiern und Larven sorgen. Je nach Größe des Hundes gibt man ihm 1/2 bis 1 Teelöffel Kokosöl pro Tag. Auch Kokosfett und sogar Kokosraspeln können diesen Effekt erzielen. Hier gibt man jeweils 1 Messerspitze ins Futter.
Die Wirkung wird vor allem durch die im Kokosöl bzw. Kokosfett enthaltende Laurinsäure erzielt. Sie hat sich auch als Zeckenschutzmittel bewährt. Die äußerliche Anwendung durch Einreiben von Kokosöl oder -fett ins Fell kann somit Zecken fernhalten.

Medikamente
Wenn Würmer im Kot nachweisbar sind und der Hundedarm sich nicht mehr selbst zu helfen weiß, sollte man den Hund mit einem Rund- und Bandwurmmittel (beim Tierarzt erhältlich) entwurmen. Man sollte allerdings wissen, dass eine sogenannte „Wurmkur" keine Prophylaxe darstellt.

Parkinson-Krankheit

Können Hunde an Parkinson erkranken? Offiziell nicht. Aber es gibt ein sehr ähnliches Erscheinungsbild: Ein Zucken fährt durch den Körper, manchmal zuckt auch nur der Kopf oder der ganze Hund wackelt wie ein Wackeldackel.
Differenzialdiagnostisch (das heißt, die Ärzte untersuchen, was es noch für eine Erkrankung sein kann) kommen hier auch Erkrankungen wie Demenz, Vestibulärsyndrom oder Hirninfarkt in Frage. Sehr schwierig ist es daher, eine Differenzierung zu finden.

Ganz wichtig ist dabei zu beachten: Der Hund weiß nicht, dass er krank ist. Halter müssen also aufpassen, dass sie sich nicht allzu sehr dazu hinreißen lassen, ihrem menschlichen Mitleidssinn nachzugeben und ihn zu trösten. Der Hund wird dadurch nur unsicher, weiß nicht, was los ist, und wird dann eventuell in seiner Panik noch unterstützt.
Es kommt bei diesen Störungen oft Torkeln oder Taumeln hinzu. Auch neurologisch sieht vieles dem Bild „Parkinson" sehr ähnlich: das Zittern in beiden

Hinterläufen oder auch nur in einem; ein instabiles, zum Teil torkelndes Laufen wie beim Menschen, der sonst einen Stock oder Rollator braucht. Auch daran muss man sich gewöhnen. Und ganz wichtig: Man muss wissen, dass der Hund hierbei – im Gegensatz zum Humpeln aufgrund von anderen Ursachen – keine Schmerzen hat.
Unruhe kommt hinzu ebenso wie eine gewisse Sturheit vergleichbar mit den Anzeichen von Demenz.

Auch in diesem Fall sollte man dem Hund noch Lebensfreude ermöglichen, indem man zum Beispiel in den nächstgelegenen Park fährt, damit er einen Freund treffen und sich mal wieder richtig freuen und schnüffeln kann. Denn zu Hause ist Fressen meist nur noch das Einzige, was den Hund noch interessiert.

Diagnostik
Beobachtungen.

Futter
Es sollte öfter und in kleineren Mahlzeiten gefüttert werden. Es ist aber kein besonderes Futter nötig.

Nahrungsergänzungsmittel
B-Vitamine helfen gegen das Zittern.

Medikamente
Von Ginkgo Meckel® Tropfen werden 3-mal täglich 10 Tropfen gegeben.

Psychische Belastungen

Sollte im Alter des Hundes aufgrund einer bestimmten Erkrankung oder auch durch die Umstände selbst (wie Umzug, Besuch von Fremden usw.) und damit verbundene Veränderungen eine psychische Belastung beim Hund entstehen, muss gehandelt werden, bevor es in ein psychosomatisches Leiden umschlägt, das heißt, bevor der Hund dann aufgrund seiner Psyche ein organisches Problem bekommt.
Viele ältere Hunde reagieren auf psychische Belastungen sensibler als ihre jungen Artgenossen. Versuchen Sie in diesen Fällen, dem Hund die Umgebung so vertraut wie möglich zu gestalten. Der Hund ist ein Gewohnheitstier, besonders im Alter. Legen Sie ihm Ihre Kleidung ins Körbchen, lassen Sie den Korb in dem Raum stehen, in dem er vorher auch war, und ganz wichtig: Nehmen Sie sich viel Zeit für Ihren Hund.

Diagnostik
Beobachtungen.

Futter
Keine Empfehlung.

Nahrungsergänzungsmittel
Entspannen können in bestimmter Zusammensetzung Traubenzucker (Achtung, nicht bei Diabetikern!), Magnesium, Lavendel oder Tryptophan (eine Aminosäure).

Medikamente
Geeignete Bach-Blüten sind Star of Bethlehem, Gentian oder Rock Rose.
Passionsblumenkraut-Pulver, Melisseblätter-Pulver und Hopfenextrakt haben sich auch bewährt.

Schmerzen

Viele Hundehalter wissen nicht genau, ob ihr Liebling Schmerzen hat. Viele denken auch, dass ihr Hund keine Schmerzen hat, da er nicht weint, jault oder permanent humpelt. Das tun die meisten Hunde jedoch auch nicht – und schon gar nicht bei chronischen Schmerzen.

Dieser Hund litt so an Schmerzen, dass er kaum mehr aufstehen mochte.

Im Folgenden sind die häufigsten Anzeichen, woran Sie und auch der Behandelnde feststellen können, ob Ihr Hund unter Schmerzen leidet, aufgeführt.

- Abwehr
- Abweichungen vom normalen Verhalten
- Aggression
- Angespanntheit des ganzen Körpers (inklusive Muskeln, Faszien, Nerven)
- Beißen an der Schmerzregion
- Belecken der Schmerzregion
- Einstellen des Fressens
- Vernachlässigung der Fellpflege
- Hecheln
- Hyperaktivität
- „Katzenbuckel“
- Kopf gesenkt oder schief
- Kotinkontinenz
- Kratzen an der Schmerzregion
- Lahmheit
- Muskelanspannungen
- Probleme bei der Nahrungsaufnahme
- Probleme beim Hinlegen
- Reaktionen bei Druck (bei stärkeren Schmerzen dann schon beim Streicheln)
- Ruckartiges Umdrehen zum Schmerz (wie bei Flohbissen)
- Schlapp bis phlegmatisch
- Schwerfälliges Bewegen oder Einstellen der Bewegung
- Stöhnen oder andere Lautäußerungen
- Sturheit
- Urininkontinenz
- Veränderung der Kopf- und/oder Körperhaltung
- Wälzen (meist unter Stöhnen)

Bitte beachten Sie, dass hinter diesen Schmerzsymptomen viele verschiedene Erkrankungen stecken können. Sie sollten daher immer eine eventuelle Schmerzsymptomatik mit Ihrem Therapeuten absprechen, zusammen die Ursache finden und dann handeln.

Taubheit/Schwerhörigkeit

Taubheit kann **genetisch** bedingt und angeboren sein oder **erworben** durch Alter, Erkrankung oder Unfall. Taubheit ist auch häufig eine Zusatzdiagnose bei Demenz (siehe Seite 36ff.) und beim Vestibulärsyndrom (siehe Seite 85ff.). Die angeborene Taubheit kommt häufig vor, wenn zwei merlefarbene Hunde miteinander verpaart werden, und bei Hunden, die teilweise oder völlig weiß sind.

Dieser Hund ist taub geboren und hat durch den Gendefekt auch ein eingeschränktes Sehvermögen. Dennoch war er im Hundesport erfolgreich.

Es ist jedoch völlig normal, dass mit zunehmendem Alter der Gehörsinn beim Hund allmählich nachlässt, und nicht selten kommt es schließlich auch zur völligen Taubheit.
Der Ausfall der Gehörfunktion ist für Tiere in der freien Wildbahn ein echtes Hindernis. Für Hunde, die mit einem aufmerksamen Menschen in einer Hausgemeinschaft leben, ist es aber gar kein Problem.

Als Taubheit wird ein partieller oder vollständiger Verlust der Gehörfunktion bezeichnet, der ein- oder beidseitig auftreten kann.
Bei komplettem Verlust ohne Kompensation kann es auch zur Beeinträchtigung der räumlichen Orientierung führen, weil diese teilweise mithilfe des Gehörsinns erfolgt. Das kann nicht behoben, aber vom Halter mit entsprechender Hilfestellung kompensiert werden. Man sollte dann jedoch keinen Gehorsam mehr erwarten, auch wenn man diesen früher bis zur Perfektion trainiert hat. Auch hier merkt man häufig die Demenz – ein Verlust der Aufmerksamkeit, der Konzentration und des Erlebens. Ein geistiges Weggetreten-Sein fällt immer mehr auf.
Wie man richtig mit einem tauben Hund umgeht und auf was man achten muss, wurde schon weiter vorne beschrieben (siehe Seite 30ff.).

Diagnostik
Beobachtungen, Tierarzt.

Futter
Keine Empfehlung.

Nahrungsergänzungsmittel
Für mehr Energie kann man L-Carnitin geben.

Medikamente
Ginkgo Meckel® Tropfen werden zu Beginn hochdosiert mit 3-mal täglich 20 Tropfen gegeben. Danach wird die Dosis verringert auf 3-mal täglich 10 Tropfen über einen längeren Zeitraum.
Ginkgo regt die Durchblutung im Innenohr an und kann so dafür sorgen, dass Hunde, die vermeintlich nichts mehr gehört haben, wieder hören. Sollte vorher schon eine Schwerhörigkeit bestanden haben, wird diese allerdings bleiben. Eine geringfügige Besserung kann sich jedoch auch hier einstellen.

Diagnostik
Beobachtungen, Hörtest beim Tierarzt.

Futter
Keine Empfehlung.

Nahrungsergänzungsmittel
Keine Empfehlung.

Medikamente
Bei kompletter Taubheit ist nichts mehr zu machen, bei plötzlicher Taubheit oder auch Schwerhörigkeit kann man es mit Ginkgo Meckel® Tropfen versuchen.

Verdauungsstörungen

Verdauungsstörungen in Form von **Durchfall** können durch einen gestörten Stoffwechsel verursacht werden. Etwas weicherer Kot kann jetzt durchaus häufiger auftreten, dabei besteht aber noch kein Handlungsbedarf. Entleert sich der Hund tagsüber jedoch öfter mit wässrigem matschigem, also sehr weichem Kot, sollte man reagieren. Denn dann liegt ein echter Durchfall vor. In diesem Fall sollte man Tabletten gegen Durchfall auf pflanzlicher Basis (zum Beispiel astoral® Enteritab) geben. Wenn diese nicht helfen, sollte man einen Tierarzt oder Tierheilpraktiker aufsuchen.

Die Ursachen können aber auch genetisch bedingt sein, durch ein Problem im Immunsystem verursacht werden, durch einen Infekt auftreten oder fütterungsbedingt sein. **Futtermittelallergien** können schwere und chronische Durchfallerkrankungen verursachen. Hier empfiehlt sich eine Ausschlussdiät.

Einen Tag schleimiger, den nächsten Tag wieder fester Kot, so kann es sich abwechseln, wenn eine **EPI** (= Exokrine Pankreas Insuffizienz) vorliegt. Diese

Bauchspeicheldrüsenschwäche kann erst im Alter auftreten oder eine bereits vorhandene Schwäche kann sich mit zunehmendem Alter verschlimmern.

Auch **Verstopfung** kommt beim Hundesenior häufiger vor. Ist die Darmperistaltik, also die Darmbewegung zu langsam, kommt ebenso der Kotabsatz ins Stocken und der Hund quält sich beim Häufchenmachen. Wenn es dazu kommt, sollte man Öle, zum Beispiel Leinsamenöl, ins Futter geben, oder in schlimmeren Fällen mit einem Tierheilpraktiker oder einem Tierarzt ein Klistier zur Auflösung des Kots anvisieren, damit es nicht zum Darmverschluss kommt.

Ist ihnen ein aufgeblähter Bauch aufgefallen? Hat der Hund vorher Flöhe gehabt? Hat er Krämpfe? Steht er in einem Katzenbuckel? Verweigert er die Nahrung? Ist ihm das Streicheln über den Bauch unangenehm? Hat er Schmerzen? Dann könnte es sich auch um einen **Wurmbefall** handeln! Achtung: Würmer kann man meistens nicht mit dem bloßen Auge im Kot sehen. Lassen Sie hier einen Kottest auf Parasiten durchführen.

Verdauungsprobleme kommen bei alten Hunden häufig vor.

Diagnostik
Beobachtungen, Bluttests, Kottests, Röntgen, Ultraschall.

Futter
Bei Durchfall sollte man eine Nahrungskarenz von 24 Stunden einhalten, damit der komplette Verdauungstrakt zur Ruhe kommen kann. Muss der Hund Medikamente einnehmen, sollten diese allein oral eingegeben werden oder, wenn es nicht möglich ist, mit etwas Fleisch (oder etwas Leckerem, was der Hund gern mag) umwickelt werden.
Auf Vollnahrung sollte man bitte einen ganzen Tag verzichten. Bei Verdauungsstörungen, die mehr als eine Gassi-Runde betreffen, sollte das Futter auf mehrere

kleine Mahlzeiten am Tag verteilt werden, am besten sehr magenschonend und gekocht. Später kann dann wieder langsam umgestellt werden. Beginnen sollte man dann mit hochverdaulichem und rohfaser- und fettarmem Futter.

Nahrungsergänzungsmittel
Natürliche Milchsäurebakterien haben sich hier ebenso wie Pansenpulver bewährt.

Medikamente
Probiotika (Probiotika bedeutet „für das Leben“ im Gegensatz zu Antibiotika = „gegen das Leben“) sind Mikroorganismen wie bestimmte Hefen und milchsäurebildende Bakterien, die einen positiven Einfluss auf das Immunsystem haben und die Darmflora wieder aufbauen können. Sie werden auch zur Prophylaxe bei Durchfall und nach Antibiotika-Gaben verwendet. Probiotika sollten als Kur gegeben werden.
Pflanzliche Tabletten gegen Durchfall sind hier auch sehr hilfreich ebenso wie Kohletabletten. Viele verschiedene Durchfall-Präparate gibt es beim Tierarzt. Achten Sie aber bitte darauf, dass Sie dem Hund nichts geben, was stopft. Das ist dann kontraproduktiv und führt zu einem Teufelskreis. Man sollte bei Durchfällen auch immer bedenken, dass die Natur nichts ohne Grund macht und ein Durchfall etwas ausleiten will. Somit ist es besser, die geschädigte Darmschleimhaut aufzubauen, als etwas zum Stopfen einzugeben.
Mutaflor® als Ampullen oder Kapseln ist hervorragend für die Stabilisierung der Darmflora.
Spascupreel® wirkt bei Krämpfen im Magen-Darm-Trakt.

Bei zusätzlichem **Erbrechen** und/oder wenn der Kot dünn wie Wasser ist, verliert der Hund sehr viel Flüssigkeit. Hier empfiehlt sich eine akute Unterstützung mit Elektrolyten. Diese können im einfachen Fall oral (ins Maul), bei schweren Erkrankungen über eine Infusion gegeben werden.

Verletzungen

Wenn alte Hunde sich verletzen, kann es zu verzögerter Wundheilung kommen. Die Zellen regenerieren sich nicht mehr so schnell wie beim jungen Hund. Daher muss man sofort eingreifen und die Heilung unterstützen.

Für den Fall, dass sich der Hund verletzt, sollte man ein Erste-Hilfe-Set anlegen und dieses jederzeit schnell zur Hand haben. Der Inhalt könnte so aussehen:

- Latexhandschuhe
- Maulkorb- oder Schlaufe
- Einwegspritzen
- Desinfektionstupfer

- Flohkamm
- Zeckenzange- oder karte
- Sterile Wundkompressen
- Fixierbinde (Stretch-Verband) selbsthaftend
- Verbandpäckchen
- Pflaster
- Watte
- Polsterverband
- Wundspray
- Frühstücksbeutel (zum Einpacken der Pfote für die Gassi-Gänge, damit der Verband nicht schmutzig wird)
- Schere
- Lupe
- Taschenlampe

Dieses Notfall-Set für Hunde ist die beste Grundlage für alle Tierhalter, um im Ernstfall sorgfältig vorbereitet und gerüstet zu sein. Die meisten Materialien können Sie beim Tierarzt, beim Tierheilpraktiker oder in der Apotheke bekommen.

Vorab sollte man sich ein Buch zulegen, das über das richtige Verhalten in Notfallsituationen informiert. Noch besser wäre es, einen Hunde-Erste-Hilfe-Kurs zu besuchen. Adressen für Anbieter in Ihrer Nähe lassen sich sicher im Internet finden. Oder fragen Sie bei Ihrem Tierarzt oder im Hundeverein nach.

Diagnostik
Beobachtungen, Tierarzt, Tierheilpraktiker.

Futter
Keine Empfehlung.

Nahrungsergänzungsmittel
Keine Empfehlung.

Medikamente
Traumeel®, Arnika, Spenglersan® Kolloid G, Wundspray für Tiere.

Vestibulärsyndrom

Mit Vestibulärsyndrom ist eine Störung des Gleichgewichtsorgans (= Vestibularapparat) gemeint. Hierbei unterscheidet man zwei Formen:

- das **Geriatrische Vestibulärsyndrom**
- und das **Idiopathische Vestibulärsyndrom.**

Beide zeigen dasselbe Krankheitsbild.

BEGRIFFSERKLÄRUNG

Idiopathisch bedeutet in der Medizinsprache, dass für dieses Krankheitsbild bis jetzt keine genaue Ursache gefunden wurde.
Geriatrisch beschreibt, dass es vor allem im Alter auftrifft; doch auch bei jüngeren Tieren kann die Krankheit vorkommen.
Betroffen sind alle Tierarten, also nicht nur Hunde und Katzen, sondern auch Heimtiere wie Meerschweinchen und Kaninchen können daran erkranken. Bei Kaninchen können allerdings auch Viruserkrankungen für ähnliche Symptome verantwortlich sein. Somit sollte man immer einen Tierarzt zur Diagnosestellung aufsuchen.

Die Krankheit betrifft in der Regel Tiere, die bis zum Auftreten der ersten Symptome völlig normal erscheinen. Sie dauert einige Tage bis zu sechs bis manchmal auch acht Wochen. Danach erholt sich der Hund wieder. Aber das Fatale daran ist: Gerade im Alter treten immer häufiger die Anfälle auf.

Das Ohr besteht aus dem äußeren Ohr, dem Mittelohr, dem Innenohr und dem Gleichgewichtsorgan. Das Gleichgewichtsorgan – bestehend aus drei halbkreisförmigen Bogengängen und zwei miteinander verbundenen Säckchen – ist ein äußerst diffizil aufgebautes System, das es ermöglicht, uns im dreidimensionalen Raum zu orientieren und die Bewegungen des Körpers entsprechend der Lage zu koordinieren. Es liegt gleich am Ohr und informiert das Gehirn ununterbrochen über unsere Position im Raum, die wir dann ständig nachkorrigieren. Versagt dieses System, gerät man aus dem Gleichgewicht, man kann sich buchstäblich nicht mehr auf den Beinen halten.
Vom Menschen weiß man, dass man sich dann fühlt, als säße man in einem sich schnell drehenden Karussell. Man ist seekrank, alles schaukelt, es kommen Schwindelanfälle verbunden mit Übelkeitsattacken bis hin zum Erbrechen.

Tiere fallen um, stolpern, beginnen im Kreis zu rotieren, erbrechen und verweigern das Futter, und zwar nicht, weil sie nicht fressen möchten, sondern weil sich vor ihnen der Futternapf dreht.
In solchen Fällen sollten wir unsere Freunde per Hand füttern, was meistens auch gut klappt. Später ist dann das Hochstellen der Näpfe eine Hilfe für die betroffenen Hunde. Das Erbrechen oder auch das Übelkeitsgefühl kann gut mit homöopathischen Mitteln (siehe Medikamente) behandelt werden.

Auffallend sind rhythmische horizontale Augenbewegungen (= Nystagmus) und eine Kopfschiefhaltung zur betroffenen Seite der Schädigung. Bei einem Nystagmus ist eine Abklärung erforderlich, ob es sich um eine zusätzliche Epilepsie handelt.

Manchmal kann es erforderlich sein, den Hund mit der Hand zu füttern.

Da der Gesamtzustand der Tiere erheblich gestört ist – denn meistens sind die älteren Tiere betroffen –, ist es ratsam, sie anfangs über eine Infusionstherapie zu unterstützen. Mit dieser Hilfe durchleben sie die Krankheit erfahrungsgemäß viel stabiler.
Durch Beobachtungen in der Praxis kann ich aus Erfahrung sagen, dass das Kreisen bleibt, wenn man nicht gegensteuert. Man muss die Tiere dann immer wieder aus dem Teufelskreis herausholen. Wichtig sind hier auch Tricks, wie beim Gassi-Gehen nie immer nur in die eine Richtung zu gehen, sondern öfter mal die Richtung zu wechseln.

Es kann und wird sicher öfter beim Spaziergang dazu kommen, dass der Hund auf einmal beim Laufen stolpert, eventuell sogar hinfällt. Hierfür ist es sinnvoll, sich ein Geschirr und eine kurze, gut anzufassende Leine anzuschaffen. (Bitte, keine Rollleine!) Am besten eignet sich ein Brustgeschirr, mit dem man den Hund auch mal wie eine Handtasche greifen und wieder hochziehen kann.
Hiermit geht es auch viel besser, das Tier in einer schlechteren Phase gut mit der Tragehilfe zu unterstützen, indem wir immer eine Hand in der Schlaufe des Geschirrs haben, um rechtzeitig eingreifen zu können. Wenn man das schon mal vorher übt, klappt es dann ganz gut.

Wenn der Hund nur noch schwankend laufen kann, sollte man in dieser Zeit die Spaziergänge auf das Nötigste beschränken: nur das Geschäft erledigen lassen und dann wieder hineingehen. Diese Phasen vergehen. Man quält den Hund nicht draußen und belastet sich selbst auch nicht zu lange. Wenn man einen eigenen

KEINE SCHMERZMITTEL

Wenn die Tiere Schwierigkeiten beim Laufen zeigen, verabreichen Sie bitte nicht vorbeugend Schmerzmittel, sondern lassen erst abklären, ob es wirklich Schmerzen sind, und dann möglichst eine Diagnose erstellen, um die Ursache zu finden. Denn wenn es sich hier um eine Koordinationsproblematik des Vestibulärsyndroms handelt, wird das Schmerzmittel ohne Wirkung bleiben. Oder im Gegenteil: Der Zustand wird sich noch verschlimmern und es gibt starke Nebenwirkungen. Dem Hund ist dann schwindelig – vergleichbar wie seekrank. Er würde dann also unter Schmerzmitteln noch schlimmer torkeln.

Garten hat, ist es natürlich ideal, weil man den Hund einfach dort hinausgehen lassen kann. Auch Treppen können die Hunde in dieser Zeit nicht mehr normal hochsteigen. Nach einer überstandenen Phase hat man zwar oft den Eindruck, dass alles wieder normal sei. Hat der Hund aber dennoch Koordinationsschwierigkeiten, fällt er die Treppe hoch – oder noch viel schlimmer, nämlich herunter. Um das zu verhindern, sollte man den Hund in dem Fall von Anfang an auf den Arm nehmen und die Treppe hoch und runter tragen. Weitere Hinweise, wie man damit umgeht, wenn man den Hund nicht mehr tragen kann und welche Vorkehrungen man treffen kann, wurde schon weiter vorne auf Seite 24ff. beschrieben.

Für die Tierhalter ist es oft erschreckend, dass die Erkrankung so plötzlich auftritt. Von einer Minute auf die andere kann sich der Hund ganz plötzlich nicht mehr auf den Beinen halten, fällt immer wieder um und dreht sich im Kreis. Dazu kommen die typische Kopfschiefhaltung zu einer Seite und das rhythmische Augenzucken in eine Richtung, was aber vielen Hundehaltern erst gar nicht auffällt, da dieses Symptom sehr schnell wieder aufhört.
Wenn man aber die Anfälle beim eigenen Hund schon kennt und Erfahrungen gemacht hat, kann man oft beim Beginn eines Anfalls eingreifen, den man allein durch das „Augenzucken“ bemerkt.
Gefährlich kann es werden, wenn sich der Hund bei Regen oder Schnee schüttelt, da er dabei umfallen kann. Hier muss man gut aufpassen und den Hund gegebenenfalls stützen oder festhalten.

Es gibt auch das neuromuskuläre Zittern verursacht zum Beispiel durch Vitamin-B-Mangel. Ob es sich darum handelt, sollte man abklären.
Blutuntersuchungen und/oder Ultraschall sind als Untersuchungen angeraten, wenn eine andere Ursache vermutet wird. Nicht alle Anfälle sind Folgen des Vestibulärsyndroms. Es kann auch eine „echte“ Epilepsie vorliegen oder gar ein Hirntumor. Diese Erkrankungen haben andere Ursachen, aber oft sehr ähnliche Krankheitssymptome. Um diese auszuschließen, kann man weitere Untersuchungen durchführen lassen.

Es gibt beim Vestibulärsyndrom keine allgemeingültige Therapie. Man sollte aufgrund der Symptome und zum Tier passend die Naturheilmittel auswählen. Am besten konsultiert man hierzu einen naturheilkundlich arbeitenden Tierarzt oder einen Tierheilpraktiker, der sich mit Geriatrie auskennt (siehe auch unter Medikamente).

Ein Vestibulärsyndrom ist am ehesten mit einem Schlaganfall (Apoplex) zu vergleichen. Daher helfen auch dieselben Medikamente, die naturheilkundlich beim Schlaganfall in der Humanmedizin eingesetzt werden.
Je älter der Hund ist, desto langsamer erholt er sich wieder von diesen Anfällen und je häufiger treten sie auf. Hier ist der Tierhalter gefordert: Man braucht dann sehr viel Geduld.
Die Fortschritte sind oft nur klein und manchmal behält der Hund auch leichte Ausfallerscheinungen wie die Kopfschiefhaltung (Achtung, hier muss man aufpassen, dass es sich um keine Ohrenentzündung handelt!) zurück. Diese beeinträchtigt ihn in der Zukunft allerdings nicht.

Man sollte aber immer den Tieren zuliebe sehr optimistisch sein. Sie merken es, wenn wir an unseren Handlungen zweifeln. Je schneller man handelt und behandelt, desto besser sind die Chancen. Man sollte sobald wie möglich mit einer gut ausgewählten Therapie beginnen.

Die Kreislauf- und Gehirndurchblutungssituation kann durch eine Dauertropfinfusionstherapie mit durchblutungsfördernden Mitteln im sofortigen Notfall bei einem Fach-Tierarzt verbessert werden.

Wenn ein Hund an dem Vestibulärsyndrom leidet, kann es sein, dass er umfällt, wenn er sich schüttelt.

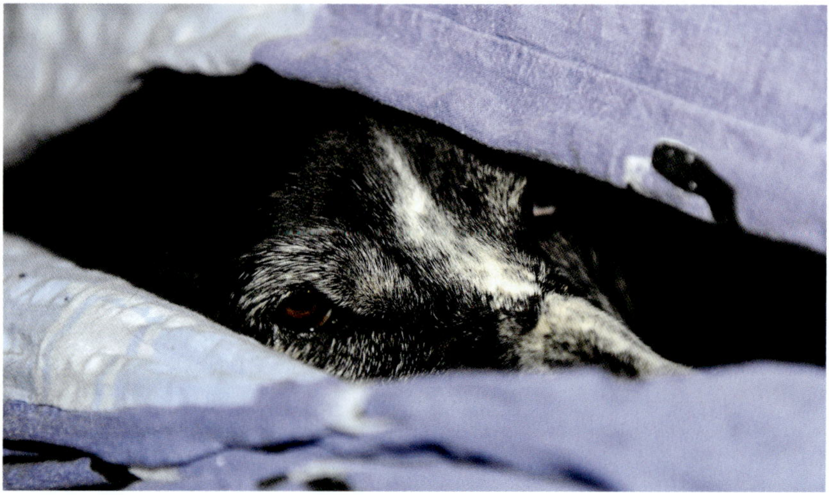

Auch wenn keine Behandlung erfolgte, sind alte Hunde oft sehr wärmebedürftig und lassen sich auch gern mal zudecken.

Danach sollte man aber zu Hause genau darauf achten, dass der Hund nicht auskühlt. Oft ist Untertemperatur eine Nebenwirkung nach einer Infusionstherapie. Dann sollte man den Hund ruhig zudecken und eine Wärmflasche dazulegen. Die Wärmflasche darf warm sind, aber nicht heiß!

Nach einer Woche können die Senioren häufig wieder besser laufen. Sie laufen dann schon wieder im Trab und gehen völlig normal geradeaus, auch das Kopfschütteln hört meistens auf. Irgendwann kann es aber wieder passieren, dass der Hund einfach umfällt.

Eine kurzfristige oder eine fast vollständige Regeneration ist nie ausgeschlossen. Schon deswegen sollte man hier ganz vorsichtig mit einer Prognose sein. So könnte es passieren, dass der Hund morgens aufwacht, sich dreht und umfällt, gar nicht mehr auf die Beine kommt oder sich weiter dreht. Man kann dann von einem Tierarzt abklären lassen, ob es sich um das Geriatrische Vestibulärsyndrom handelt.
Man muss immer darauf vorbereitet sein. Es kann sein, dass sich die nächste Regeneration dann schon drei Wochen hinzieht. Einige Hunde erholen sich sehr schnell, manche benötigen jedoch vier bis acht Wochen. Und es kann auch vorkommen, dass überhaupt keine Regeneration mehr erfolgt und der Hund sozusagen ein Pflegefall bleibt.

Dieselben Symptome können auch auf einen Hirninfarkt hinweisen, da diverse Störungen ganz ähnlich sind. Eine Abklärung ist hier somit dringend erforderlich.

DAS IDIOPATHISCHE VESTIBULÄRSYNDROM

Idiopathisches Vestibulärsyndrom heißt eigentlich nichts anderes, als dass man die Ursache nicht herausfinden kann. Die Symptome sind dieselben wie beim Geriatrischen Vestibulärsyndrom. Tierärzte mit stationärer Behandlung oder Tierkliniken behalten die Hunde dann zur weiteren Abklärung dort und sie bekommen erst einmal Infusionen. Es werden dann Bluttests und eventuell Röntgen- und Ultraschall-Bilder angefertigt und eine gezielte Diagnose gestellt.

Bei einem (eventuell auch zusätzlichen) linksseitigen Hirninfarkt wird dann eine partielle Parese rechts vorliegen, das heißt eine Bewegungseinschränkung oder Lähmung, die sich rechts teilweise ausbreitet.
Tierärzte oder Tierheilpraktiker nehmen dann diverse neurologische Tests vor. Viele davon, wie auch der bereits erwähnte und erklärte „Wattebauschtest“ (siehe Seite 55), sind auch von Laien durchführbar. Der Wattebauschtest zeigt nicht nur, ob noch eine Sehleistung vorhanden ist, sondern er gibt auch Aufschluss darüber, ob der Hund überhaupt noch Reaktionen zeigt, indem er zum Beispiel hinterherschaut, hinterherspringt oder gar mit dem Wattebausch spielen will.
Bei diesem Krankheitsbild ist die Naturheilkunde eindeutig der Schulmedizin überlegen. Man kann hier den Hund mit vielen verschiedenen Therapien sehr gut unterstützen – und das alles ohne Nebenwirkungen. Weiterführende Informationen finden Sie unter Medikamente.

Hunde mit Vestibulärsyndrom sollten möglichst wenig Stress und Veränderungen ausgesetzt sein.

Was kann man tun, wenn beim eigenen Hund das Vestibulärsyndrom auftritt? Ruhe bewahren ist hier das Wichtigste! Man sollte auf alle Fälle selbst ruhig bleiben oder werden und dann auch das Tier beruhigen. Den Hund sollte man nun stützen und ihn sehr vorsichtig hinlegen, am besten in sein Körbchen, da er sonst taumeln und umfallen kann. Kommandos wie „Platz" können jetzt nicht mehr verwendet werden, denn ein Hund, der gerade einen Anfall hat, kann solche Hörzeichen nicht mehr aufnehmen und wird darauf auch nicht reagieren. Das gilt auch im Allgemeinen: Bitte bei einem Hund, der unter einer dieser Erkrankungen leidet, keine Befehle mehr verwenden.
Jeglichen Stress sollte man in diesem Moment unterlassen, auch positiven Stress, wie zum Beispiel Füttern oder Gassi-Gehen. Auch Autofahrten zu einer Lieblings-Gassi-Strecke sollte man jetzt ausfallen lassen und erst den Anfall abwarten.
Dem Hund sollte man nun vorsichtig etwas Wasser einflößen, das man eventuell mit Glukose (in Form von Traubenzucker, welcher in jedem Supermarkt erhältlich ist) anreichert. Nur bei Hunden, die an Diabetes leiden, sollte man darauf verzichten. Ab dem nächsten Tag empfiehlt sich dann die Eingabe von Ginkgo Meckel® Tropfen.

Es ist immer gut, die Hilfe eines erfahrenen Therapeuten in Anspruch zu nehmen, der sich unter anderem auf Geriatrie spezialisiert hat. Man braucht sicher immer wieder Beratungen zu den verschiedenen Symptomen, zu den Medikamenten und auch zur Dosierung. Und auch psychisch hilft es einem selbst ungemein, nicht allein vor so einer Aufgabe zu stehen.

Physiotherapie
Auch beim Hund kann Physiotherapie sehr hilfreich sein. Besonders Reflex-Aktivierungen, Nervenbahnenstimulationen und Krankengymnastik können dem Hund bei der Regeneration helfen. Es gibt außerdem eine Reihe von Übungen, die man selbst beim Hund zu Hause anwenden kann und die Ihnen der Physiotherapeut sicherlich gern zeigt.

Diagnostik
Beobachtungen, Check durch den Tierarzt.

Futter
Hier sollte man darauf achten, dass das Futter nicht nur gesund ist, sondern auch gut aufzunehmen ist. Bei dieser Erkrankung haben Hunde oft das Problem, dass sie nicht mehr gut kauen und schlucken können, also sollte man ihnen dann das Futter mundgerecht zubereiten. BARF und Nassfutter sind hier eindeutig dem Trockenfutter vorzuziehen. Knochen sollte man dann jedoch weglassen.

Nahrungsergänzungsmittel
Aufbaupräparate wie zum Beispiel Vitaminmischungen sind zu empfehlen. Besonders B-Vitamine, oral oder per Injektion verabreicht, können helfen.

WENN VESTIBULÄRSYNDROM UND DEMENZ ZUSAMMEN AUFTRETEN

Beim Vestibulärsyndrom gibt es klassische neurologische Symptome, die der Parkinson-Krankheit beim Menschen ähneln. Beim akuten Vestibulärsyndrom tritt ebenso eine Veränderung des Blutdrucks auf. Auch akute beidseitige Funktionsverluste des Gleichgewichtssinns konnten nachgewiesen werden.

Das Allgemeinbefinden des Hundes schlägt sofort ins Negative um. Der Blutdruck sinkt, der Hund empfindet Drehschwindel. Der Kopf wird nach rechts und links oder nur zu einer Seite geneigt.

Die Erfahrung zeigt, dass beim Idiopathischen Vestibulärsyndrom die individuellen Rekonvaleszenz-Mechanismen unterschiedlich rasch zu einer Verbesserung der Symptomatik führen. Bei Hunden kann es bereits nach wenigen Minuten zum Nachlassen der Symptome kommen, zumeist aber dauern das Augenflackern, der Schwindel und die Übelkeit drei bis fünf Tage an.

Die Symptomatik, die durch das akute Vestibulärsyndrom und danach entsteht, lässt den Hund wie einen an Demenz erkrankten Patienten erscheinen. Offiziell ist er das nicht, aber die Symptome lassen den Patientenbesitzer immer mehr Vergleiche mit an Demenz erkrankten Menschen ziehen.

Auch sind Folgeschäden des Vestibulärsyndroms wie Taubheit eine zusätzliche Erschwerung, die Hund und Halter ertragen müssen.

Eindeutig konnte ich in meinem Jahr der Studie an meinem eigenen Hund – und an denen in meiner Praxis – sagen, dass sich außer dem Vestibulärsyndrom aber noch mehr im Gehirn tut.

Es ist nicht erwiesen, dass wie bei einer Alzheimer-Demenz typische Plaques im Hirn auftreten, aber es ist als Halter sicher zu merken, dass die Hirntätigkeit ein Defizit erfährt. Die Diagnose eines Vestibulärsyndroms beruht auf einer ausführlichen Anamnese sowie einer klinischen und neurologischen Untersuchung.

Medikamente

Ginkgo Meckel® Tropfen fördern die Innenohrdurchblutung. Dosierung: Morgens 10 Tropfen über das Futter geben, mittags und abends jeweils 5 Tropfen.

Ginkgo Meckel® Tropfen können ab dem 1. Tag nach dem Anfall verabreicht werden.

Ginseng dient zur Rekonvaleszenz.

Bei Erbrechen eignen sich Ipecacuanha C30 Globuli als Einmalgabe.

Bach-Blüten Rescue® Remedy Tropfen beruhigen den Hund.

Bei Schwindel haben sich Vertigo Heel® Tropfen bewährt.

Beim Geriatrischen Vestibulärsyndrom kommt es auch häufig zu der Zusatzdiagnose Taubheit. Näheres dazu und wie man damit am besten umgeht, finden Sie unter auf Seite 30ff.

Bei diesem Hund mit Vorbiss ist eine Zahnsteinbehandlung notwendig.

Zähne und Zahnfleisch

Es ist normal, dass die Zähne alter Hunde abnutzen. Wichtig ist aber eigentlich der Zustand des Zahnfleisches. Sind da Entzündungen, die vielleicht sogar bis tief unter das Zahnfleisch gehen? Findet man kleine Bläschen (Aphthen), Blutungen oder sogar Zahnfleischverlust? Dann sollte man dringend reagieren.
Trotz artgerechter Ernährung und Zahnpflege wie Zähneputzen kann es dazu kommen. Man sollte daher bei seinem Hund auch regelmäßig das Maul kontrollieren. Nur so kann man verhindern, dass es zu schlimmeren Problemen in der Maulhöhle mit fortschreitenden Erkrankungen kommt. Finden Sie etwas, sollten Sie entweder allein oder mit einem Therapeuten nach einer Lösung des Problems suchen.

Leichte Zahnfleischentzündungen kann man mit Spenglersan® Kolloid G betupfen und hat eine Ausheilung meist innerhalb von drei Tagen.
Blutet das Zahnfleisch, wenn Sie es berühren? Blutet es oder gibt es Schmerzäußerungen, wenn der Hund Futter zu sich nimmt? Dann können sich bereits Bakterien unter dem Zahnfleisch ausgebreitet haben und es zu einer Entzündung kommen, die auch schmerzhaft ist, sodass der Hund bald nichts mehr frisst. Sollte das der Fall sein oder auch immenser Zahnstein mit Maulgeruch vorliegen, dann sollte man einen Tierarzt konsultieren und eine Zahnsteinbehandlung mit einer Zahnsanierung vornehmen lassen.
Gute Tierärzte klären Sie über das Narkoserisiko bei alten Patienten auf und überwachen auch mit modernsten Geräten das Herz-Kreislauf-System während des Eingriffs. Sie führen ihn auch nur durch, wenn es nötig ist.

Zur Prophylaxe sei hier wieder einmal angemerkt, dass man mit artgerechter Ernährung viel erreichen kann. Zähneputzen ist eine gute Vorbeugung und auch das manuelle Zahnsteinentfernen (fragen Sie Ihren Tierheilpraktiker, viele bieten das an) ist eine Alternative.

Diagnostik
Beobachtungen, Tierarzt für Zahnheilkunde.

Futter
Artgerechtes Futter beugt Zahnproblemen vor. Lassen Sie Ihren Hund auch mal Fleischknochen abnagen und Knorpel kauen, das reinigt die Zähne und schützt vor Zahnbelag.
Ist das Problem der heftigen Zahnfleischentzündung dann aber bereits aufgetaucht, müssen Sie bis zur Behandlung und oft eine Zeit danach noch weiches Futter füttern, da die Hunde sonst Schmerzen beim Fressen haben und Härteres nicht anrühren werden.

Nahrungsergänzungsmittel
Keine Empfehlung.

Medikamente
Spenglersan® Kolloid G hilft bei leichten Entzündungen und kann nach der Zahnsteinentfernung, der Zahnreinigung und einer eventuellen Zahnsanierung beim Tierarzt die Heilung unterstützen.
Osanit® Globuli kann man bis zum Tierarztbesuch anwenden. Sie helfen bei Schmerzen, die durch eine Zahnfleischentzündung entstehen.

Die verschiedenen Therapieformen

Für die Behandlung eines alten Hundes gibt es außer der Schulmedizin auch zahlreiche Therapie-Möglichkeiten im Bereich der Naturheilkunde und der Physiotherapie. Viele dieser therapeutischen Maßnahmen lassen sich auch vom Hundehalter selbst umsetzen. Sie werden im Folgenden kurz aufgeführt.

Verschiedene Naturheilverfahren haben sich bei der Behandlung von alten Hunden gut bewährt.

Bach-Blüten

„Heile Dich selbst" ist der Grundgedanke in der Bach-Blüten-Therapie von Dr. Edward Bach (1886-1936), einem Arzt, Bakteriologen, Immunologen und Homöopathen aus England. Er erlebte zu oft in seiner Londoner Praxis, dass seelische Blockaden eine wirkliche Heilung verhinderten. So machte er sich auf die Suche und fand zu 38 Negativgefühlen (unter anderem Angst, Machthunger, Resignation, Ungeduld) Wildpflanzen, die diese Negativgefühle transformieren können.
Pflanzenessenzen können helfen, seelische Probleme zu bewältigen. Sie lassen sich gut und ohne Nebenwirkungen auch beim alten Hund anwenden. Die verschiedenen Essenzen sind zu mischen oder einzeln zu verabreichen. Welche eingegeben werden und welche Mischungen sinnvoll sind, sollte man zusammen mit dem Therapeuten entscheiden.
Die bekanntesten und am meisten genutzten Bach-Blüten sind die Rescue® Remedy Notfall-Tropfen. Sie können verdünnt oder auch als Direktlösung oral verabreicht oder auch ins Fell eingerieben werden.

Homöopathie

Die Homöopathie ist eine Reiz- und Regulationstherapie. Mithilfe des homöopathischen Mittels wird im Körper ein Reiz gesetzt, auf den der Organismus antworten muss. Diese Antwort hat zur Folge, dass die Regulationsmechanismen in Gang gesetzt, beschleunigt und optimiert werden, wenn sie vorher durch eine Krankheit in ihrer Effizienz beeinträchtigt wurden. Das homöopathische Mittel ist also auf ein reaktionsfähiges biologisches System angewiesen.
Bei homöopathischen Medikamenten kommt es immer darauf an, welches Mittel zu welchem Tier passt. Passt es von der Konstitution? Passt es genau zu der Erkrankung und deren Symptomen? Die Einsatzgebiete der Homöopathie sind sehr breit gefächert. Welche Mittel man bei welcher Krankheit verwenden kann, wurde in den jeweiligen Krankheits-Kapiteln beschrieben. Zur Anwendung kommen die Präparate in Form von kleinen Kügelchen, sogenannten Globuli.

Hier eine Faustregel für die Eingabe der Globuli beim Tier in den verschiedenen Potenzen:

- Potenzen von D4 bis D12 gibt man dreimal täglich 5 Globuli. Hier darf aber auch eine stündliche Gabe erfolgen. Beispiel: Ist ein Hund von einer Wespe gestochen worden und die Stelle schwillt an, wird sofort und dann jede weitere Stunde Apis D4 gegeben. Bei gefährlichen Situationen sollte man aber keinesfalls auf einen Tierarzt verzichten, denn hier kann dann Cortison lebensrettend sein!
- Globuli bis zu einer Potenz von D6 verwendet man bei akuten Situationen.
- Globuli ab der Potenz D12 sind für subakute Probleme.
- Globuli ab der Potenz D30 sind für chronische Krankheiten und nur mit Kenntnissen anzuwenden.
- Bei einer C-Potenz reicht eine Gabe einmal die Woche. Diese Potenz hat eine Depotwirkung.

Im Alter lässt sich Homöopathie sehr gut anwenden, da mit Niedrigpotenzen keine Nebenwirkungen oder Erstverschlimmerungen zu erwarten sind. Ist ein alter Hund jedoch schon so geschwächt, dass das Immunsystem den Reiz eines Homöopathikums nicht mehr aufnehmen kann, dann sollte man andere Naturheilverfahren wählen wie zum Beispiel die vitOrgan-Therapie (siehe unten).

Spenglersan®-Therapie

Unter der Spenglersan®-Therapie versteht man eine Immunmodulations-Therapie. Das heißt: Die Spenglersane® sind Arzneimittel zur Ausbalancierung des Immunsystems. Sie werden auf der Haut angewendet. Die Vorteile sind, dass der Magen nicht belastet wird und der Halter die Therapie zu Hause durchführen kann.

Spenglersane® enthalten keinen Alkohol und sind daher auch bei Tieren gut anwendbar.

Beispiele
Spenglersan® Kolloid G ist ein natürliches Arzneimittel zur Anwendung bei entzündlichen Prozessen und Infekten jeglicher Art. Die Zellen, an denen die krankmachenden Viren andocken, werden blockiert, sodass der Schnupfen innerhalb kürzester Zeit ausgeheilt ist. Bei regelmäßiger Anwendung bewirkt Spenglersan® Kolloid G durch die Optimierung der Immunabwehr eine maximale Infektprophylaxe.
Spenglersan® Kolloid K ist ein natürliches Arzneimittel bei Allergien, welches die Allergien im Ursprung bekämpft, ohne dass man die Nebenwirkungen herkömmlicher Antiallergika in Kauf nehmen muss.

vitOrgan-Therapie

Bei der vitOrgan-Therapie handelt es sich um eine Zell/Organ-Therapie. Nach dem Motto „Niere heilt Niere, Leber heilt Leber" usw. kann man hier Zellen reparieren, erneuern und ersetzen.
Die vitOrgan-Präparate können injiziert oder auch vom Halter oral zu Hause appliziert werden. Hierfür gibt es spezielle Adapplikatoren. Man füllt dort den Inhalt einer Ampulle um und verabreicht diesen oral, am besten direkt ins Maul, damit nichts mit dem Fressen oder Trinken verloren geht.

Akupunktur

Die Akupunktur kommt aus der Traditionellen Chinesischen Medizin und geht davon aus, dass bei Lebewesen die Linien (Meridiane) für den Lebensfluss, die Energie, das Qi, verantwortlich sind.
Bei der Akupunktur werden sehr dünne Einwegnadeln in die bestimmten Akupunkturpunkte gestochen. Damit wird der stagnierte Lebensfluss wieder aktiviert. Akupunktur kann Entzündungen und Schmerzen lindern, Nervenbahnen wieder regenerieren und Bänder, Sehnen und Faszien stärken.
Das Haupteinsatzgebiet der Akupunktur sind Arthrose und alle Beschwerden des Bewegungsapparates. Aber auch Allergien sind hiermit sehr gut behandelbar.
Für die Akupunktur eines Hundes sollte man einen erfahrenen Therapeuten suchen.

Bewegungstherapie

Ziel der Bewegungstherapie ist die Wiederherstellung von gestörten Körperfunktionen und das Training der allgemeinen körperlichen Leistungsfähigkeit. Bewegungsübungen werden meist eingesetzt bei Gelenkproblemen. Im Gegensatz zur

Mit spezieller Bewegungstherapie kann die körperliche Leistungsfähigkeit wieder verbessert werden.

Krankengymnastik bzw. Physiotherapie ist die Bewegungstherapie beim Tier aktiv wie zum Beispiel der Hürdenlauf (Parcours), das Ziehen eines (leeren) Schlittens oder gezielte Laufübungen, oft auch draußen. Überwachtes Schwimmen (siehe unten) gehört auch dazu. Patientenbesitzer können darin eingewiesen werden.

Physiotherapie

Das Grundprinzip der Physiotherapie ist es, auf den Organismus Reize auszuüben, die in seiner natürlichen Umwelt bereits vorhanden sind. Solche Reize können zum Beispiel die Einwirkung von Wärme oder Kälte sein oder die Ausführung bestimmter aktiver oder passiver Bewegungen. Alle diese Reize, also Wärme, Kälte und Bewegungen, kennt der Organismus bereits aus dem Alltag. Im Unterschied dazu wirken die Reize in der Physiotherapie jedoch nicht zufällig und ungezielt auf den Organismus ein, sondern bewusst gesteuert und zielgerichtet. Für ältere Hunde mit Gelenkproblemen empfehlen sich spezielle orthopädische Liegebetten wie visco-elastische Matratzen.

Krankengymnastik

Krankengymnastik nutzt gezielte Übungen zu Heilungszwecken. Gymnastische Übungen, zum Teil auch mit Geräten, werden hier durchgeführt. Geräte sind zum Beispiel ein Trampolin, ein Balancekissen oder ein Wackelbrett. Vorbeugende

(prophylaktische), therapeutische und rehabilitative Ziele sind Hilfen zur Entwicklung, zum Erhalt und zur Wiederherstellung der gestörten Funktionen des Körpers. Auch die Schulung von Ersatzfunktionen bei Störungen, die nicht mehr heilbar sind, gehört zu den Zielen der krankengymnastischen Therapie.
Beim Tier ist die Krankengymnastik meist passiv und vom Menschen gesteuert. Auch hier können die Hundebesitzer für Übungen, die zu Hause durchgeführt werden, eingewiesen werden.

Lymphdrainage

Eine spezielle Druck-Massage und Kreistechniken regen die Lymphbahnen an und unterstützen den Prozess, Giftstoffe besser abzuleiten und das Immunsystem zu stärken. Verletzungen und Operationen können das Lymphsystem beschädigen, was oft Ödeme zur Folge hat. Den Körper zu entstauen und ihn wieder zum Fließen zu bringen, ist das wichtigste Resultat einer erfolgreichen Lymphbehandlung. Bei der Lymphdrainage ist es ganz wichtig, sich einen erfahrenen, am besten zertifizierten Therapeuten zu suchen.

Magnetfeldtherapie

Ziel des Einsatzes der Magnetfeldtherapie ist das Erlangen eines optimalen Therapieerfolges. Diesen erreicht man durch die zusätzliche Kombination mit anderen

Die Magnetfeldtherapie regt die Durchblutung an und fördert die Zellfunktion.

Heilmethoden. Dies gilt sowohl für die klassische Schulmedizin, phytotherapeutische und homöopathische Präparate als auch für apparative Methoden wie die Lasertherapie. Im Gegensatz zur Lasertherapie kann man mit der Magnetfeldtherapie auch tiefere Schichten wie Muskulatur und Knochen erfassen und beschränkt die Wirkungsweise nicht nur auf die Haut. Ein weiterer Vorteil der Magnetfeldtherapie besteht darin, dass man auch durch Verbände hindurch (zum Beispiel Gipsmanschetten) therapieren kann.
Unter Berücksichtigung aller Faktoren kann man in der veterinärmedizinischen Anwendung gepulster Magnetfelder einschneidende Therapieerfolge erzielen. Das pulsierende Magnetfeld gelangt bis in jede Zelle und aktiviert sie. Somit wird die Zufuhr von Nährstoffen besser. Eine bessere Durchblutung entsteht, welche mit Infrarotkameras zu sehen ist. Dadurch kann Sauerstoff besser ausgenutzt werden. Magnetfeldtherapie wirkt zudem schmerzlindernd, entspannend und entzündungshemmend.
Anwendung findet sie vor allem bei chronischen und degenerativen Erkrankungen, Muskelverspannungen, Wirbelsäulenproblemen, Bandscheibenschäden, Arthrose, Arthritis, rheumatischen Beschwerden, Entzündungen, allgemein bei Schmerzen, Frakturen, Verletzungen, Durchblutungsstörungen, Verdauungsproblemen, Mattigkeit und Depressivität.

Massage

Massage lockert verspannte Muskeln, löst schmerzhafte Knoten unter der Haut und regt Stoffwechseltätigkeit und Durchblutung an. Besonders bei alten Hunden wird Massage bei folgenden Indikationen immer häufiger eingesetzt, da diese Erkrankungen auch mit Verspannungen und Verhärtungen der Muskulatur durch Fehlhaltungen und somit einseitigen Belastungen einhergehen: HD und ED (vor und nach einer Operation), Arthrosen, jede Art von Gelenkproblemen, Probleme mit dem ganzen Bewegungsapparat oder als Wellness-Massage, damit der Hund sich wohlfühlt. Auch Igel- und Noppenbälle können hier zum Einsatz kommen.
Viele Übungen kann man auch als Hundehalter selbst bei seinem eigenen Vierbeiner durchführen. Und sanfte, kreisende Bewegungen in Form einer Wellness-Massage sorgen auf alle Fälle für sein Wohlbefinden.
Legen Sie Ihre Hand auf die Hinterschenkel des Hundes und ertasten Sie mit den Fingern die Muskulatur. Bleiben Sie in dieser „Klauenhaltung“ und kreisen Ihre Hände jetzt sanft im Uhrzeigersinn für eine leicht stimulierende Massage, entgegen des Uhrzeigersinns für eine beruhigende Massage. Laut der Traditionellen Chinesischen Medizin (TCM) ist das Kreisen im Uhrzeigersinn stimulierend und gegen den Uhrzeigersinn beruhigend.
Wie diese Griffe und verschiedene andere Übungen ganz genau gehen, kann Ihnen Ihr Therapeut vor Ort sicher zeigen, sodass Sie sie später zu Hause umsetzen können. Weitere Ideen finden Sie in den Büchern „Wellness für Hunde“ und „Heilströmen für Tiere“ (siehe Literaturverzeichnis).

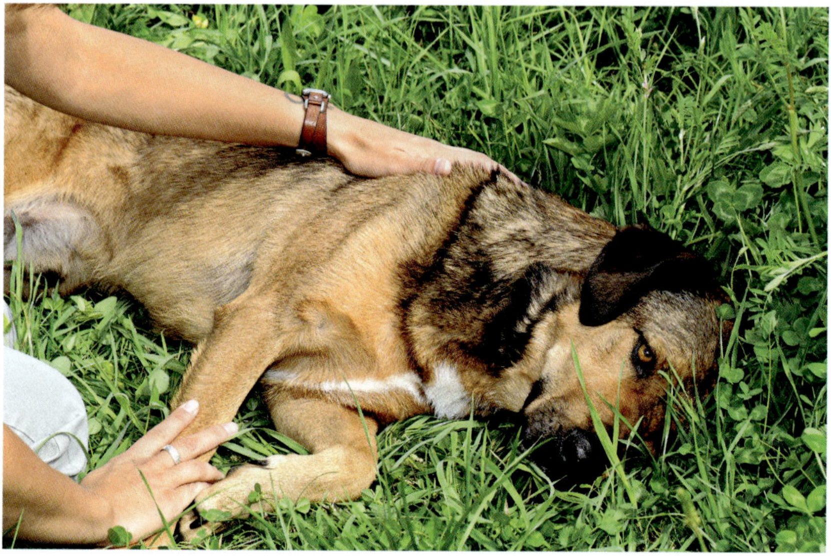

Die richtigen Massageübungen verbessern das Wohlbefinden des Hundes.

Schwimmen

Wenn es noch möglich ist, mit dem Senior zu schwimmen oder ihn allein schwimmen zu lassen, ist das eine gute Methode, um Gelenkbeschwerden zu mildern, das Immunsystem in Gang zu halten und die allgemeine Fitness zu stärken. Im Wasser haben wir viel Auftrieb, das Körpergewicht reduziert sich um 90 % und das Bindegewebe wird durch die Bewegungen im Wasser gestärkt.

Palliativmedizin

Palliativmedizin oder auch Palliativ Care bezeichnet die Pflege und komplette medikamentöse Versorgung Schwerstkranker und Sterbender.
Die englische Ärztin Cicely Saunders war die Begründerin der Palliativmedizin und prägte mit dem Satz: „Es geht nicht darum, dem Leben mehr Tage zu geben, sondern den Tagen mehr Leben" das Ziel des Palliativ Care. Weiter kam von ihr: „Du bist wichtig, weil du du bist, und wir werden alles für dich tun, damit du nicht nur in Frieden sterben, sondern leben kannst bis zuletzt."
Das sollten wir nicht nur auf die Menschen beziehen, sondern wir sollten unseren Hundegefährten genau denselben Respekt bis zum Ende entgegenbringen wie unseren eigenen Artgenossen. Würdige Sterbebegleitung ist also auch beim besten Freund des Menschen machbar.

Der Tod des Hundes

Tiere können durchaus ihren eigenen Tod steuern. Sie leiten den Sterbeprozess ein, indem sie erst die Nahrung, später dann auch das Trinken einstellen. In der Natur ziehen sie sich zum Sterben zurück. Dieses ist normal und gehört zum natürlichen Sterbeprozess dazu. Bei unseren Haustieren läuft der Tod leider (fast) immer unnatürlich ab. Unsere Tiere bekommen Schmerzmittel, leiden an Leber- und Nierenversagen und werden dann eingeschläfert, damit sie nicht mehr leiden müssen.

Man sollte aber immer im Hinterkopf behalten, dass „Einschläfern" nur eine Beschönigung des Wortes „Tötung" ist. Wäre es nicht vielleicht möglich, dass das Tier ohne Qualen auch so verstirbt? Ist es nur ein Leiden für uns Menschen selbst? Aufgrund meiner Erfahrungen konnte ich feststellen, dass Menschen, die bereits einen oder mehrere Menschen beim Sterben würdevoll begleitet haben, ihr Tier nicht so schnell einschläfern lassen wie andere Hundehalter.
Nur haben wir das in der modernen Zeit häufig längst vergessen. Viel zu schnell wird zum Tierarzt gefahren und das Tier eingeschläfert. Auf keinen Fall will dieser Ratgeber sich gegen die Euthanasie im Allgemeinen aussprechen. Es kann durchaus eine Erlösung sein, wenn ein Tier schwerstkrank und voller Schmerzen ist. Kein Tier darf leiden, aber das Alter allein rechtfertigt keine Euthanasie.
Wann ist ein Leben nicht mehr lebenswert? Woran misst man Lebensqualität? Diese Fragen sind oft schwer zu beantworten.

Dieses Bild wurde zehn Tage vor dem Tod des Hundes aufgenommen. Bis zuletzt hatte er enorme Lebensfreude und dann baute er ganz schnell ab.

Hunde denken nicht wie wir an gestern und morgen, sondern leben jetzt, daher fürchten sie sich nicht vor dem Ende.

Loslassen

Man sollte sich rechtzeitig vorbereiten, und zwar auf das Akzeptieren und Loslassen. Auch wenn man es seelisch und mental noch nicht kann, man kann organisatorisch schon Vorkehrungen treffen. Das Thema ist leider unausweichlich und deshalb möchte ich auch hierfür Ratschläge geben.

Es ist genauso wie bei einem lieben Menschen: Je älter er wird, desto mehr kennt man ihn und hat ihn lieb gewonnen. Wenn man diesen dann verliert, ist es leider von der Zeit her normal, das mildert jedoch nicht den Schmerz, der einen dann befällt.
Es ist sicher für viele schwer, mit diesem Thema umzugehen. Und es gibt meist auch keinen Trost, wenn dann jemand Sprüche bringt wie: „Zeit heilt Trauerwunden!" Es stimmt schon für viele, dass man, je mehr Zeit vergangen ist, besser mit einem Verlust klarkommen kann. Aber jeder sollte seine eigene Trauer finden und sie ausleben. Den Schmerz über den Verlust verliert man allerdings meist nie ganz. Er steckt tief und fest in unseren Herzen.
Denn wenn der Hund noch fit und agil ist, denken wir, er sei unsterblich – was es dann umso schwerer macht, wenn er tatsächlich geht. Man kann sich jeden Tag darauf vorbereiten, dass das Tier bald sterben wird, aber wenn es dann soweit ist, kann es ein Schock sein.

Der allerletzte Gang

Gehen Sie den letzten Gang zusammen mit Ihrem Hund. Er hat es verdient. Und seien Sie einfach nur glücklich, dass Sie so eine schöne Zeit zusammen verbringen durften. Dass mit jedem Tod eines nahestehenden Wesens, ob Mensch oder Tier, ein Stück von einem selbst mit weggeht, das ist wohl so, wenn man intensiv liebt. Bei jeder Erkrankung leidet man schon mit und beim Tod stirbt man dann auch ein bisschen mit. Sicher war Ihr Hund vorher auch krank und Sie haben viele Stunden mit Bangen und Hoffen bei Tierärzten verbracht. Aber nun ist er erlöst. Wenn Sie dann bei ihm sind, werden Sie ewig dankbar dafür sein.
Als Hundehalter sollte man genau abwägen, ob eine natürliche Sterbebegleitung möglich und sinnvoll ist und die Euthanasie nur im äußersten Notfall wählen.

Die Chemie des Todes

Was hier so wissenschaftlich klingt, sollte auch besprochen werden, denn es ist ein ganz wichtiger Aspekt, dass man als Hundefreund auch weiß, was physiologisch, also als allerletzter Stoffwechselvorgang ganz „normal“ mit dem Körper unseres Gefährten passiert. Bitte bei folgenden „Körperreaktionen“ nicht erschrecken:

- Die Augen des Hundes bleiben auf. Es gibt kein Lid in der Form wie bei uns, das sich dann schließt oder geschlossen werden kann.
- Sobald der Tod einsetzt, „laufen die Tiere aus“, das heißt, Urin und manchmal auch Kot fließen heraus. So wie bei einer menschlichen Leiche kann man auch hier später das Tier säubern.
- Die letzte Luft entweicht, das kann für uns lautlos oder auch hörbar passieren. Auch das ist ein normaler Prozess und gehört dazu. Entweichen kann diese aus Maul oder After.
- Bei einer Euthanasie ist es auch manchmal der Fall, dass die Muskeln noch nach Aussetzen des Herzschlages zucken.

DIE EUTHANASIE

Wörtlich übersetzt bedeutet das Wort, welches aus dem Griechischen kommt: „Der leichte Tod“. Eine Euthanasie darf in Deutschland nach § 4 des Deutschen Tierschutzgesetzes nur ein Tierarzt durchführen.
Zuerst bekommt der Hund eine Narkose und sobald diese wirkt – das kann 10 bis 15 Minuten dauern –, wird das Tötungsmittel injiziert. Tötungsmittel lösen einen Atemstillstand aus. Bei einer Euthanasie kann es auch nach Aussetzen des Herzschlages noch zum Muskelzucken kommen. Dies kann von Sekunden bis zu Minuten dauern.

Leider werden Tierhalter hierüber viel zu selten von Tierärzten aufgeklärt. Viele haben deswegen schon fast einen Unfall verursacht, weil sie sich fürchterlich erschreckt haben, als sie schon mit dem eingeschläferten Tier im Auto auf dem Weg nach Hause waren.

Die Bestattung

Falls man den Hund nicht sofort beerdigen kann, sollte man ihn bis dahin in einem kühlen Raum wie einem Keller oder der Waschküche aufbewahren, da der tote Körper bei Wärme aufgasen kann.
Entgegen der landläufigen Meinung ist es durchaus erlaubt, einen Hund in seinem eigenen Garten zu begraben. Nach dem Gesetz für Beseitigung von Tierkörpern müssen diese so vergraben werden, dass sie mit einer ausreichenden, mindestens 50 Zentimeter dicken Erdschicht, gemessen vom Rande der Grube an, bedeckt sind. Nicht gestattet ist es jedoch in Wasserschutzgebieten und in unmittelbarer Nähe öffentlicher Wege und Plätze.
Wenn der Garten den gesetzlichen Anforderungen nicht entspricht, also man doch in einem Wasserschutzgebiet wohnen sollte oder sehr zentral in einer Stadt in der Nähe von öffentlichen Plätzen, dann gibt es immer noch genügend Alternativen. Man muss sein Tier nicht beim Tierarzt und von dort vom Abdecker abholen lassen.
Es gibt inzwischen eine Vielzahl an Tierbestattern, mit denen man auch die gewünschte Beerdigung eines Tieres besprechen und organisieren kann. Tierkrematorien bieten Einzel- oder Sammelkremierungen an.
Egal, wie man sich entscheidet, es gibt dann sicher auch in der Nähe einen Tierfriedhof. Einige werden privat betrieben, andere von örtlichen Tierschutzvereinen.
Dort kann man sein Tier auch im Sarg oder in einem Leinentuch durch eine Erdbestattung beerdigen lassen oder die Urne mit seiner Asche wird bestattet. Meistens kann man bei den Tierfriedhöfen wählen, ob man einen Stein mit den Daten möchte oder auch eine anonyme Bestattung. Vieles ist inzwischen möglich.
Auch darf man die Urne – im Gegensatz zu den meisten Bundesland-Bestattungsgesetzen beim Menschen – mit nach Hause nehmen und dort hinstellen. Es gibt Schmuckurnen für diesen Zweck oder auch schlichte für die Bestattung.
Man kann also wählen zwischen der Erdbestattung, der Feuerbestattung und der Aufbewahrung (als Urne) zu Hause.

Tage des Akzeptierens

Wenn man den schlimmsten Schock überwunden hat, kommen sie, die Tage des Akzeptierens. Sie sind für die Psyche durchaus gut und hilfreich. Man weiß ja auch, dass das Tier alt war und jetzt auch langsam gehen musste. Sich dann

aber damit abzufinden, wenn es nicht mehr da ist, ist viel schlimmer, als man je dachte. Man kann sich noch so sehr darauf vorbereiten, egal, wann es passiert – es trifft einen wie unerwartet und man ist wie geschockt.
Hilfreich ist es dann, wenn man sich immer wieder sagt, dass es gut und richtig war, so wie es gekommen ist. Man muss das aber auch selbst glauben!
Man lernt mit dem Verlust zu leben und damit, dass das geliebte Tier nicht mehr da ist, es einem nicht mehr entgegenkommt, nicht mehr freudig wartet oder einen treu und lieb anblickt.

Die Tage des Akzeptierens bauen sich dann so langsam auf. Man akzeptiert sowohl den Verlust, der ja unausweichlich war, als auch die Tatsache, dass es einfach nicht mehr ging und das Tier nicht mehr leiden muss.
Das Vermissen jedoch bleibt. Denn die „Tage des Akzeptierens" sind eine reine Kopfsache, das Vermissen eine Herzenssache. Es sind nun Veränderungen eingetreten, die man zulassen muss. Und auch das Weinen sollte man so oft zulassen, wie es sein muss.

Eine große Frage, die einem auch oft gestellt wird, ist, ob man sich dann nach so einem Verlust eines geliebten Gefährten ein neues Tier aussucht, mit dem man einen weiteren Teil seines Weges im Leben zusammen gehen will, oder ob man ohne Tier weiterleben will.
Diese Veränderungen und damit umzugehen, werden uns dann auferlegt. Was aber auch immer dann passieren soll, das muss jeder für sich allein entscheiden.

Die Erinnerung bleibt.

Anhang

Literatur

Baumgart, Liesel und Hand, Marlies: **Bach-Blüten für Tiere**. Verlag Oertel+Spörer, Reutlingen 2014.

Fischer, Camilla und von der Brüggen, Tina: **Naturheilverfahren bei Hunden**. Verlag Oertel+Spörer, Reutlingen 2015.

Gelhaus, Nadine: Futterfibel. **Hunde gesund ernähren**. Verlag Oertel+Spörer, Reutlingen 2013.

Göbel, Michaela: **Taube Hunde**. Umgang – Erziehung – Ausbildung. Verlag Oertel+Spörer, Reutlingen 2013.

Grimm, Hans-Ulrich Grimm: **Katzen würden Mäuse kaufen**. Heyne Verlag, München 2009.

Hand, Marlies und Baumgart, Liese: **Schüßler-Salze für Hunde**. Selbsthilfe kurz und einfach. Verlag Oertel+Spörer, Reutlingen 2009.

Hartmann, Michael: **Patient Hund**. Krankheiten vorbeugen, erkennen, behandeln. Verlag Oertel+Spörer, Reutlingen 2016.

Jaggy und Tipold: **Die neurologische Untersuchung beim Kleintier und beim Pferd**. wak, Gescher, 1999.

Koller, Raphaela: **BARF-Rezepte für Hunde**. Verlag Oertel+Spörer, Reutlingen 2015.

Klopp, Rainer: **Faszination Mikrozirkulation**. Meckel-Spenglersan, Bühl 2008.

Natterson-Horowitz, Barbara und Bowers, Kathryn: **Wir sind Tier**. Knaus Verlag, München 2014.

Niepel, Gabriele: **Kastration beim Hund**. Kosmos Verlag, Stuttgart 2007.

Pawletko, Petra: **Heilpflanzen für Tiere**. Verlag Oertel+Spörer, Reutlingen 2014.

Ruhsam, Kerstin: **Aromatherapie für Hunde**. Verlag Oertel+Spörer, Reutlingen 2014.

Schicke, Harald: **Hausstaubmilbenallergie erfolgreich behandeln**. MZ-Verlag, Regensburg 2012.

Simon, Swanie: **BARF – Biologisch Artgerechtes Rohes Futter für Hunde**. Drei Hunde Nacht, Wadern 2008.

Tschischke, Cornelia: **Homöopathie für eine gesunde Hundeseele**. Verlag Oertel+Spörer, Reutlingen 2013.

von der Brüggen, Tina: **Heilströmen für Tiere**. Verlag Oertel+Spörer, Reutlingen 2014.

Verma, Vindo: **Ayurveda für Hunde**. Verlag Oertel+Spörer, Reutlingen 2013.

Werner, Tina: **Wellness für Hunde**. Massage und Physiotherapie für jeden Tag. Verlag Oertel+Spörer, Reutlingen 2010.

Werner, Tina: **Blutegeltherapie am Tier**. Verlag Oertel+Spörer, Reutlingen 2011.

Wirtz, Manu: **60 plus Hund**. Verlag Oertel+Spörer, Reutlingen 2014.

Ziegler, Jutta: **Hunde würden länger leben, wenn ...** mvg Verlag, München 2011.

Ziegler, Jutta: **Tierärzte können die Gesundheit Ihres Tieres gefährden:** Neue Wege in der Therapie. mvg Verlag, München 2013.

Bezugsquellen

Chlorella-Algen aus Indoor-Produktion:
http://chlorellavulgaris.de/
Handelsagentur Boldt & Co. GbR
Norbert Boldt
Kiebitzgrund 10a
12685 Berlin
Telefon: 030 / 93 55 41 74

Tina von der Brüggen

Heilströmen für Tiere

Selbsthilfe für Hunde, Katzen, Kaninchen und Meerschweinchen

€ 19,95 (D)

ISBN 978-3-88627-911-1

Tina von der Brüggen/
Camilla Fischer

Naturheilverfahren für Hunde

€ 24,90 (D)

ISBN 978-3-88627-870-1

Oertel+Spörer – Der Spezialist für Kleintierbücher

www.oertel-spoerer.de